U0312759

职业教育项目式教学系列教材

电气运行与控制专业系列

# 机床电气控制

王　洪　主编

史中生　孙香梅　副主编

科学出版社

北　京

# 内 容 简 介

本书根据职业教育的培养目标，结合国家职业四级等级考核标准和职业技能鉴定规范编写。本书主要内容包括：典型低压电器的拆装、检修及调试，异步电动机控制系统的安装、调试及故障处理，双速电动机控制系统的安装、调试及故障处理，绕线式电动机控制系统的安装、调试及故障处理，典型机床线路的调试及故障处理等。

本书适用于高等职业院校、中等职业学校相关电类和机电类专业，也可作为岗前培训教材。

**图书在版编目（CIP）数据**

机床电气控制/王洪主编 . —北京：科学出版社，2009
（职业教育项目式教学系列教材·电气运行与控制专业系列）
ISBN 978-7-03-024229-7

I. 机… II. 王… III. 机床-电气控制-专业学校-教材 IV. TG502.35

中国版本图书馆 CIP 数据核字（2009）第 034148 号

责任编辑：何舒民 张雪梅／责任校对：赵 燕
责任印制：吕春珉／封面设计：耕者设计工作室

**科学出版社 出版**
北京东黄城根北街 16 号
邮政编码：100717
http://www.sciencep.com

**北京九州迅驰传媒文化有限公司** 印刷
科学出版社发行 各地新华书店经销
\*

2009 年 4 月第 一 版 开本：787×1092 1/16
2023 年 1 月第十二次印刷 印张：16 3/4
字数：400 000

**定价：47.00 元**

（如有印装质量问题，我社负责调换〈九州迅驰〉）
销售部电话 010-62134988 编辑部电话 010-62137154（ST03）

# 电气运行与控制专业分委员会

# 出 版 说 明

为了深入贯彻落实《国务院关于大力发展职业教育的决定》和教育部十六号文件的精神，整体推进职业教育教学改革，我们精心组织出版了职业教育电气运行与控制专业、机电技术应用专业、汽车类专业和数控技术应用专业的项目式教学系列规划教材。

本套教材是在教育部新调整专业目录和教学指导方案的基础上，以上海职业教育深化课程教材改革行动计划开发的职业学校专业教学标准为基础，结合全国其他省、直辖市、自治区职业教育教学改革与实践的实际情况，进行组织开发的。在组织编写的过程中，我们始终坚持科学发展观，努力体现以就业为导向，以能力为本位，以岗位需要和职业标准为依据，以促进学生的职业生涯发展为目标这样一种指导思想，并着重体现现代职业教育的发展趋势。

本套教材为"以就业为导向，能力为本位"的"任务引领"型教材，由全国重点职业学校和高级技师学院的一线教师编写。在编写过程中，得到了教育部职业教育专家和劳动部教学督导的悉心指导，并且广泛征求了全国各地职业院校一线教师的意见和建议，力求在教材体系、内容取材、图文表现等方面能符合职业教育的规律和特点，努力为中国职业教育教学改革与教学实践提供高质量的教材。

本套教材在内容与形式上有以下特色：

1. 任务引领。以工作任务引领知识、技能和态度，让学生在完成工作任务的过程中学习相关知识，发展学生的综合职业能力。

2. 结果驱动。关注的焦点放在通过完成工作任务所获得的成果，以激发学生的成就动机；通过完成典型产品或服务，来获得工作任务所需要的综合职业能力。

3. 突出能力。课程定位与目标、课程内容与要求、教学过程与评价等都要突出职业能力的培养，体现职业教育课程的本质特征。

4. 内容实用。紧紧围绕工作任务完成的需要来选择课程内容，不强调知识的系统性，而注重内容的实用性和针对性。

5. 做学一体。打破长期以来的理论与实践二元分离的局面,以工作任务为中心,实现理论与实践的一体化教学。

6. 学生为本。教材的体例设计与内容的表现形式充分考虑到学生的身心发展规律。一方面,以工作任务为主线设计教学内容,体例新颖;另一方面,版式活泼,图文并茂,能够增加学生的学习兴趣。

当然,任何事物的发展都有一个过程,职业教育的改革与发展也有一个过程。我们今天完成的这套教材也必将在职业教育教学改革与发展的过程中不断修改完善。因此,我们恳切地希望广大的一线教学专家和老师,在使用这套教材的教学实践过程中,提出宝贵的意见和建议,并积极参与到我们今后对这套教材的修订、改版和重编或新编的工作中来,让我们一起为中国的职业教育改革与教材建设做出我们应有的贡献。

科学出版社·职教技术出版中心

# 前　言

本书编写坚持"以就业为导向、能力为本位",充分体现任务引领、实践导向的课程设计思想。本书由五个项目、二十三个任务贯穿而成,力求内容编写简明实用、图文并茂、深入浅出,使学生学得会、学得明白,并注重提高学生分析问题、解决问题的能力。

本书项目1以3个任务引领学习常用低压电器、交流接触器和时间继电器拆装与检修知识。项目2以9个任务引领学习异步电动机控制系统安装、调试及故障处理,包括正转控制线路,正、反转控制线路,自动往返控制线路,顺序控制线路,延时启动、延时停止控制线路,串电阻降压启动控制线路,Y-△降压启动控制线路,反接制动控制线路,能耗制动控制线路。项目3以2个任务引领学习双速电机控制系统的安装、调试及故障处理。项目4以3个任务引领学习线绕式电动机控制系统的安装、调试及故障处理。项目5以6个任务引领学习典型机床线路的调试及故障处理,包括CA6140型车床、M7130型平面磨床、Z3040型摇臂钻床、X62W型万能铣床、T68型卧式镗床、15/3t桥式起重机电气控制线路的检修等。

本书编写得到了主编所在的国家级重点技工学校、国家高技能人才培训基地——湖南省永州市高级技工学校和副主编所在的河南省新乡市高级技工学校、哈尔滨技师学院的大力支持。上海工程技术大学高等职业技术学院张孝三教授对本书编写提出了许多宝贵的意见和建议,浙江亚龙科技集团为本书编写提供了资料。作者还参考了一些书刊,并引用了一些资料,但这些文献未能一一列举,在此对相关作者表示衷心的感谢。

由于编者水平有限,加之编写经验不足,不足之处在所难免,恳请读者提出宝贵意见。

# 目　录

# 项目 1
## 典型低压电器的拆装、检修及调试

### 教学目标

1. 通过观察，认识常见低压电器，知道低压电器的规格。
2. 会识读低压电器产品的型号意义。
3. 会交流接触器的拆装、检修及调试。
4. 会空气阻尼式时间继电器改装及调试。
5. 熟悉并掌握常见低压电器图形符号和文字符号。
6. 熟悉常见低压电器的选用。

### 安全规范

1. 穿戴好安全防护用具，严禁穿凉鞋、背心、短裤、裙装进入实训场地。
2. 使用绝缘工具，并认真检查工具绝缘是否良好。
3. 停电作业时，必须先验电确认无误后方可工作。
4. 带电作业时，必须在教师的监护下进行。
5. 树立安全和文明生产意识。

### 技能要求

1. 能熟练识别电压电器。
2. 学会拆装低压电器。
3. 会交流接触器的拆装、检修及调试。
4. 会空气阻尼式时间继电器的改装及调试。
5. 进一步熟悉万用表等仪表、仪器的使用。

# 常用低压电器的认识

任务 1

### 场景描述

　　在实训室中进行刀开关、组合开关、断路器、熔断器、按钮、热继电器（见下图）的认识及辨别。

### 任务目标

1. 通过观察，认识常见低压电器。
2. 了解常见低压电器的结构。
3. 掌握常见低压电器的选用。
4. 熟记常见低压电器符号。

## 工作任务

　　工厂的各种生产设备主要依靠电动机来拖动，而电动机主要由各种低压电器组成的继电器——接触器控制系统来实现控制，因此对于电器的结构与工作原理的认识及正确选用，是学习和掌握后续控制线路的必备知识，也是今后从事各种机床及其他生产机械电气控制线路的安装、调试、维修工作的坚实基础。

低压电器种类繁多、用途广泛、构造各异，根据用途、控制对象、动作方式、执行机构可分为以下几种。

（1）低压配电电器

低压配电电器包括刀开关、组合开关、熔断器、断路器等，主要用于低压配电系统和动力设备中。

（2）低压控制电器

低压控制电器包括接触器、继电器、电磁铁等，主要用于拖动控制与自动控制中。

（3）自动切换电器

自动切换电器依靠电器本身参数变化或外来信号的作用，自动完成接通或断开等动作，如接触器、继电器等。

（4）非自动切换电器

非自动切换电器依靠外力（如手动、机械碰撞）直接操作来完成接通或断开等动作，如按钮、刀开关、位置开关等。

（5）有触点电器

有触点电器具有可分断的动触头（触点）和静触头，利用触头的接触和分断来实现电路的通断控制。

（6）无触点电器

无触点电器没有可分断的触头，主要依靠半导体元器件的开关效应来实现电路的通断控制。

## 实践操作

### 一、低压开关的认识

低压开关主要用于电气控制设备及电路中，实现对电源的隔离、控制与保护，常用的有刀开关、断路器等。

#### 1. 刀开关的认识

刀开关是一种结构简单、应用广泛的低压电器，常用的有开启式负荷开关（俗称胶盖闸刀开关）、封闭式负荷开关（俗称铁壳开关）和组合开关（又称转换开关），其外形如图 1-1 （a～c）所示。

（a）开启式负荷开关　　（b）封闭式负荷开关　　（c）组合开关

图 1-1　部分刀开关的外形

### 2. 断路器的认识

断路器又称自动空气开关，是低压配电和电力拖动系统中常用的一种电器，是集保护、控制于一体的电器，可以实现短路、过载、失压保护，其外形如图 1-2（a～d）所示。

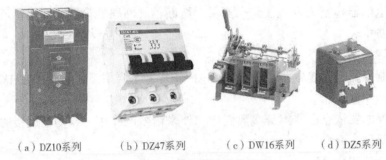

（a）DZ10系列　　（b）DZ47系列　　（c）DW16系列　　（d）DZ5系列

图 1-2　部分断路器的外形

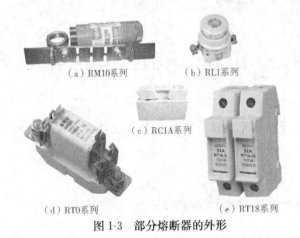

（a）RM10系列　　　（b）RL1系列

（c）RC1A系列

（d）RT0系列　　　（e）RT18系列

图 1-3　部分熔断器的外形

## 二、熔断器的认识

熔断器主要在低压配电和电力拖动系统中作为短路保护，其外形如图 1-3（a～e）所示。

## 三、按钮的认识

按钮是一种手动操作的指令电器，在控制电路中发出"指令"，控制接触器、继电器等电器。图 1-4（a～b）所示是部分按钮的外形。

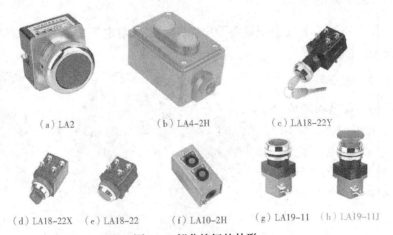

（a）LA2　　　　　（b）LA4-2H　　　　　（c）LA18-22Y

（d）LA18-22X　　（e）LA18-22　　（f）LA10-2H　　（g）LA19-11　　（h）LA19-11J

图 1-4　部分按钮的外形

## 四、热继电器的认识

热继电器是利用电流的热效应来推动动作控制机构，使触头闭合或断开的保护电器。它主要作为三相交流电动机的过载保护、断相保护、电流不平衡运行保护。图1-5（a～d）所示是部分热继电器外形。

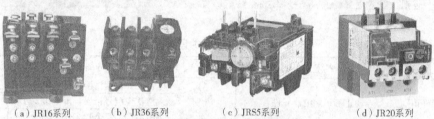

（a）JR16系列　　　（b）JR36系列　　　（c）JRS5系列　　　（d）JR20系列

图1-5　部分热继电器的外形

## ▌巩固训练

### 一、元件识别

根据图 1-6，在实训场地准备一些不同种类的电器元件，让学生识别，并将元件名称、数量以及元件上的型号规格记录在表 1-1 中。电器元件准备时，应准备一些相近而尚未接触的电器产品和新品种。

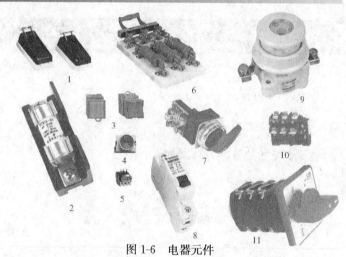

图1-6　电器元件

表 1-1　电器元件识别记录

| 序　号 | 电器元件名称 | 型号规格 | 数　量 | 备　注 |
|---|---|---|---|---|
| 1 | | | | |
| 2 | | | | |
| 3 | | | | |
| 4 | | | | |
| 5 | | | | |
| 6 | | | | |
| 7 | | | | |
| 8 | | | | |
| 9 | | | | |
| 10 | | | | |
| 11 | | | | |

## 二、评分

评分细则见评分表。

**学习检测**

**"电器元件认识"技能自我评分表**

| 项　目 | 技术要求 | 配　分 | 评分细则 | 评分记录 |
|---|---|---|---|---|
| 电器元件识别 | 正确识别电器元件 | 70 | 电器元件识别错误，每个扣5分 | |
| | | | 元件认识型号错误，每个扣3分 | |
| | | | 规格错误，每个扣2分 | |
| 回答问题 | 正确回答3个问题 | 30 | 回答错误，每个10分 | |

**知识探究**

## 一、刀开关

### 1. 刀开关型号含义

刀开关型号各部分含义如右：

注 刀开关形式：K——开启式负荷开关；
H——封闭式负荷开关；Z——组合式负荷开关

### 2. 开启式负荷开关

开启式负荷开关主要由进线座、静触头、动触头、熔丝、出线座、胶盖等构成，其结构和符号如图1-7（a，b）所示。

（1）使用注意事项

1）必须垂直安装在控制屏或开关板上，严禁横装或倒装。

2）接通状态时手柄应朝上。

3）接线时电源端在上，负载端在下，否则在更换熔丝时会发生触电事故。

4）用于控制电动机时，电动机功率应不大于5.5kW，应将开

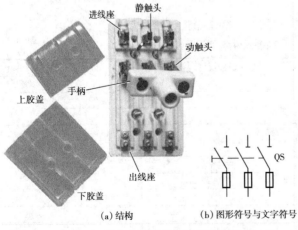

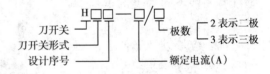

（a）结构　　　　（b）图形符号与文字符号

图1-7 开启式负荷开关的结构和符号

关的熔丝部分用铜导线连接，并加装熔断器作短路保护。

5）拉合开关时，必须盖好胶盖，操作人员应站在开关侧面，动作迅速、准确，以免造成人员灼伤和对开关的灼伤。

（2）选用

1）用于照明线路时，额定电压选用 250V（如果是三相四线供电照明线路，额定电压应选用 380V），额定电流应等于或大于线路最大工作电流。

2）用于电动机直接启动控制，额定电压应选用 380V 或 500V，额定电流应等于或大于电动机额定电流的 3 倍。

**3．封闭式负荷开关**

封闭式负荷开关主要由熔断器、速断弹簧、动触头、静触头、灭弧罩等构成，如图 1-8 所示，其符号与开启式负荷开关符号相同。

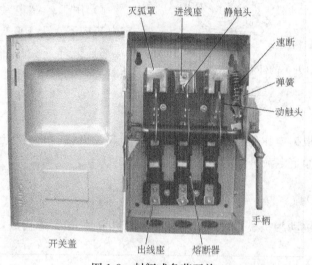

图 1-8  封闭式负荷开关

（1）使用注意事项

1）必须垂直安装，且高度一般不低于 1.3～1.5m。

2）开关外壳必须可靠保护接地，防止意外漏电而造成触电事故。

3）接线时，电源端接进线座，负载接熔断器一边的接线端子。

4）用于控制电动机时，电动机额定电流应不大于 100A。

5）拉合开关时，必须盖好开关盖，操作人员应站在开关侧面，动作迅速、准确。

（2）选用

1）用于照明线路时，额定电压应选用大于或等于线路工作电压，额定电流等于或大于线路最大工作电流。

2）用于电动机直接启动控制，额定电压应选用大于或等于电动机额定电压，额定电流应等于或大于电动机额定电流的 3 倍。

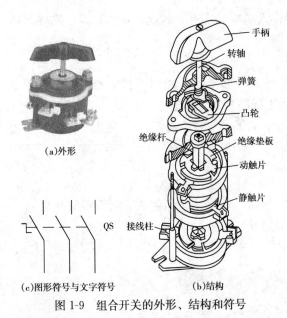

(a)外形

(c)图形符号与文字符号

QS

(b)结构

手柄
转轴
弹簧
凸轮
绝缘杆
绝缘垫板
动触片
静触片
接线柱

图1-9 组合开关的外形、结构和符号

**4. 组合开关**

组合开关主要由动触头、静触头、凸轮、转轴、接线柱等构成，其外形、结构和符号如图1-9所示。

（1）使用注意事项

1）安装在控制箱内，开关在断开状态时应使手柄在水平旋转位置。

2）开关外壳必须可靠保护接地，防止意外漏电而造成触电事故。

3）接线时，电源端接进线座，负载接熔断器一边的接线端子。

4）用于控制电动机时，电动机额定电流应不大于100A。

5）组合开关分断能力较低，不能分断故障电流，并且操作次数不能超过15~20次/小时。

（2）选用

组合开关应根据电压等级、触头数、接线方式、负载容量进行选用。它用于电动机直接启动时，额定电流一般为电动机额定电流的1.5~2.5倍。

## 二、断路器

断路器主要由动触头、静触头、热脱扣器、电磁脱扣器等构成，其结构和符号如图1-10所示。

**1. 断路器型号含义**

断路器型号各部分含义如下：

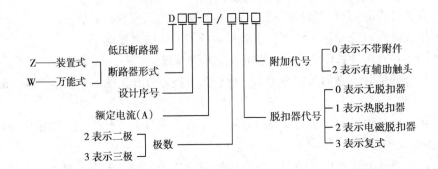

D□□-□/□□□

Z——装置式
W——万能式

低压断路器
断路器形式
设计序号
额定电流（A）
2 表示二极
3 表示三极　极数

附加代号
脱扣器代号

0 表示不带附件
2 表示有辅助触头
0 表示无脱扣器
1 表示热脱扣器
2 表示电磁脱扣器
3 表示复式

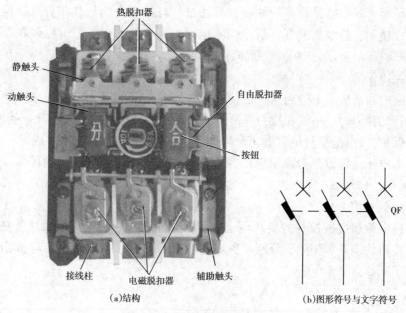

图 1-10　断路器的结构和符号

## 2. 工作原理

断路器工作原理图如图 1-11 所示。使用时断路器的三副主触头串联在被控制的三相电路中，按下"合"按钮，外力克服反作用弹簧的反力，将固定在锁扣上的动触头与静触头闭合，并由锁扣锁住搭钩，使动触头与静触头闭合，开关处于接通状态。当需要分断电路时，按下"分"按钮即可。

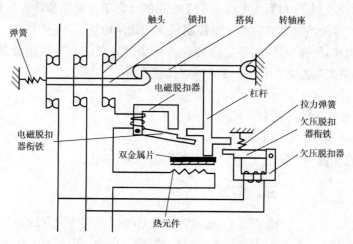

图 1-11　断路器工作原理示意图

### （1）短路保护

当线路发生短路故障时，短路电流超过电磁脱扣器的瞬时脱扣整定电流，电磁脱扣器产生足够大的电磁吸力将衔铁吸合，通过杠杆推动搭钩与锁扣分开，反作用弹簧拉动锁扣，使动、静触头断开，从而切断电路，实现短路保护。电磁脱扣器的瞬时脱扣电流出厂时一般整定为 10 倍的断路器额定电流。

(2) 欠压保护

当线路电压消失或下降到某一数值时，欠压脱扣器的吸力消失或减小到不足以克服拉力弹簧的拉力时，衔铁在拉力弹簧的作用下推动杠杆，将搭钩顶开，使触头分断，实现欠压保护。《电能质量供电电压允许偏差》(GB 12325—1990) 中规定：10kV 及以下三相供电电压允许偏差为额定电压的 ±7%，220V 单相供电电压允许偏差为额定电压的 +7% 和 −10%。

(3) 过载保护

当线路电流超过所控制的负载额定电流时，热元件发热，双金属片受热弯曲，推动杠杆，将搭钩顶开，使触头分断，实现过载保护。热脱扣器的脱扣电流出厂时一般整定为等于断路器额定电流。

3. 使用注意事项

1) 断路器应垂直安装在开关板上，电源接线端朝上，负载接线端朝下。

2) 断路器各脱扣器动作整定值一经整定好，不允许随意变动。

3) 断路器用作电源总开关时或电动机的控制开关时，在电源进线侧必须加装刀开关或熔断器等，作为明显断开点。

注意：电器元件中带有色标的螺丝，表示已经整定好，不得改变。

4. 选用

1) 断路器额定电压和额定电流不小于线路的正常工作电压和计算负载电流。

2) 热脱扣器的整定电流应等于所控制负载的额定电流。

3) 电磁脱扣器的瞬时脱扣整定电流应大于负载正常工作时可能出现的峰值电流。用于控制电动机的断路器，其瞬时脱扣电流整定值取

$$I_z \geqslant K I_{st}$$

式中，$K$——安全系数，取 1.5～1.7；

$I_{st}$——电动机的启动电流。

4) 欠压脱扣器的额定电压应等于线路额定电压。

## 三、熔断器

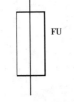

FU

熔断器主要由熔体（保险丝）、熔管（保险丝保护外壳）和熔座（底座）三大部分构成，对于不同形式的熔断器，其结构件有所不同。熔断器种类较多，最常用的是瓷插式和螺旋式。熔断器的符号如图 1-12 所示。

图 1-12　熔断器符号

### 1. 熔断器型号含义

熔断器型号各部分含义如下：

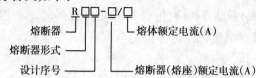

注　熔断器形式代号：C——瓷插式；L——螺旋式；S——快速式；M——无填料封闭管式；T——有填料封闭管式；Z——自复式

### 2. 瓷插式熔断器

瓷插式熔断器属于半封闭插入式，由瓷座、瓷盖、动触头、静触头以及熔丝构成，常用的型号有 RC1A 系列，如图 1-13 所示。

瓷插式熔断器与被保护电路串联，动触头跨接的熔丝（熔体），一般额定电流在 30A 以下用铅锡合金或铅锑合金，俗称保险丝；30～100A 的用铜丝；120～200A 的用变截面冲制铜片。

瓷插式熔断器结构简单、价格低廉、体积小、带电更换熔体方便，一般用于交流额定电压 380V、额定电流 200A 以下的低压线路或分支线路中。

### 3. 螺旋式熔断器

螺旋式熔断器属于有填料封闭管式，由瓷帽、熔断管、瓷套、上接线端、下接线端、瓷座构成，常用的型号有 RL1 系列，如图 1-14 所示。

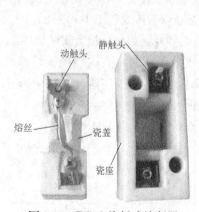

图 1-13　RC1A 瓷插式熔断器

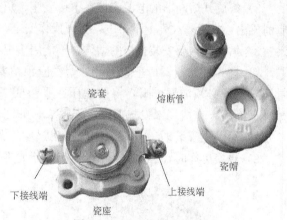

图 1-14　RL1 螺旋式熔断器

RL1 系列熔断器的熔丝焊接在熔断管两端的金属盖上，熔丝周围填充石英砂以增强灭弧能力。熔断管一端金属盖上有一个标有颜色的熔断指示器，当熔丝熔断后，熔断器指示器自动脱落，此时只需更换相同规格的熔断管即可。

RL1 系列熔断器结构紧凑、体积小、安装面积小、更换熔体方便，广泛用于控制箱、配电屏、机床设备中。

**4. 熔断器的选用**

熔断器要正确选择才能起到应有的保护作用。选择时，一般考虑熔断器的额定电压、熔断器（熔座）额定电流以及熔体额定电流。

（1）熔断器额定电压

熔断器的额定电压应不小于电路的工作电压。

（2）熔断器额定电流

熔断器额定电流应不小于所装载的熔体的额定电流。

（3）熔体额定电流

熔断器保护对象不同，熔体额定电流的选择方式不同。

1）照明电路、电阻负载：熔体的额定电流 $I_{RN}$ 应等于或稍大于被保护负载的额定电流 $I_N$。

2）单台电动机：熔体的额定电流 $I_{RN}$ 应大于或等于 1.5～2.5 倍的电动机额定电流 $I_N$，即 $I_{RN} \geqslant (1.5～2.5) I_N$。

3）多台电动机：熔体的额定电流 $I_{RN}$ 应大于或等于其中最大一台电动机的额定电流 $I_{Nmax}$ 的 1.5～2.5 倍再加上其余电动机额定电流的总和 $\sum I_N$，即 $I_{RN} \geqslant (1.5～2.5) I_{Nmax} + \sum I_N$。

**5. 注意事项**

1）安装熔断器时应保证熔体和夹头以及夹头和熔座接触良好。

2）螺旋式熔断器的电源应接在下接线座，负载接在上接线座，这样保证在更换熔断管时旋出瓷帽后螺纹壳上不带电，保证操作安全。RL1 熔断器的接线如图 1-15 所示。

3）熔断器内要安装合格的熔体，不能用多根小规格熔体并联代替一根大规格熔体。

4）插入式熔断器应垂直安装，熔丝应预留安装长度，沿顺时针方向绕圈。熔丝两端固定螺丝必须加平垫圈，将熔丝压在平垫圈下，同时注意不能损伤熔丝，以免减小熔体截面积，造成局部发热而产生误动作，如图 1-16 所示。

5）熔断器安装时，各级熔体应相互配合，做到下级熔体比上级熔体规格要小。

6）更换熔体时，必须切断电源。绝对不允许带负荷更换熔体，以免发生电弧灼伤。

电源端　　　　　　负载端

图 1-15　RL1 熔断器的接线

图 1-16　瓷插式熔断器熔体安装

## 四、按钮

### 1. 按钮型号含义

按钮型号各部分含义如下：

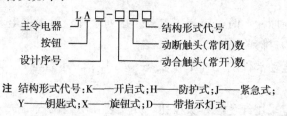

注 结构形式代号：K——开启式；H——防护式；J——紧急式；
Y——钥匙式；X——旋钮式；D——带指示灯式

### 2. 结构

按钮主要由按钮帽、复位弹簧、桥式触头、动断触头（常闭触头）、动合触头（常开触头）、外壳等构成，其结构示意图及图形符号与文字符号如图1-17（a，b）所示。

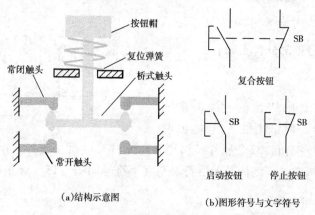

(a)结构示意图　　　　　　(b)图形符号与文字符号

图1-17　按钮结构示意图、图形符号与文字符号

按钮在没有外力作用时，分为启动按钮、停止按钮和复合按钮。按钮一般为复合结构形式，只作为启动按钮时仅用常开触头，只作为停止按钮时仅用常闭触头。

按钮当受到外力作用时，常闭触头先断开，常开触头后闭合。当外力消失后，闭合的常开触头先断开复位，断开的常闭触头后闭合复位，即当受到外力作用时，闭合的触头先断开，断开的触头后闭合，其他电器也是如此。

动合触头（常开触头）是指电器在没有受到任何外力作用或电磁吸力作用时始终断开的触头，而动断触头（常闭触头）是指电器在没有受到任何外力作用或电磁吸力作用时始终闭合的触头。

### 3. 按钮的选用

按钮的选用主要考虑：

1）根据使用场合和具体用途选择按钮的种类。

2）根据工作状态指示和工作情况要求选择按钮颜色和带指示灯按钮颜色，紧急停止按钮选用红色，停止按钮优先选择黑色，也可选择红色。

3）根据控制回路数选择按钮数量。

**4. 注意事项**

1）按钮安装在面板上时，应布置整齐、排列合理，可根据电动机启动的先后顺序从上到下或从左到右排列。

2）同一设备运动部件的几种工作状态（如上下、左右等），应使每一对相反状态的按钮安装在一组。

3）紧急按钮应采用红色蘑菇头按钮，并安装在明显位置。

4）带指示灯按钮一般不宜长期通电显示，以免外壳过热变形。

5）金属按钮外壳必须可靠接地。

## 五、热继电器

**1. 热继电器型号含义**

热继电器型号各部分含义如右：

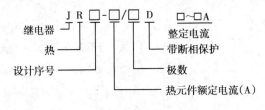

**2. 结构**

热继电器主要由热元件、触头系统（一对常开触头、一对常闭触头）、电流调节凸轮、手动复位按钮、双金属片、温度补偿元件、弓簧、连杆、推杆、导板、复位调节螺钉等部分构成，其结构及图形符号与文字符号如图 1-18（a，b）所示。

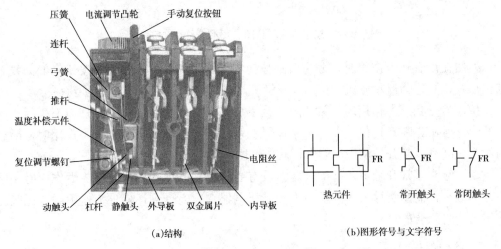

（a）结构                （b）图形符号与文字符号

图 1-18　热继电器结构、图形符号与文字符号

### 3. 基本原理

当电动机过载时，流过电阻丝的电流超过热继电器整定电流，电阻丝发热，双金属片受热向右弯曲，推动内外导板向右移动，通过温度补偿元件推动推杆绕轴转动，推杆推动触头系统动作，使动触头与常闭静触头断开，常开触头闭合，将电源切断，从而起到保护作用。电源切除后，双金属片逐渐冷却恢复原位，于是触头在失去作用力的情况下靠弓簧的弹性自动复位。

### 4. 选用

热继电器的选择主要是依据电动机的额定电流来确定规格、热元件的电流等级和整定电流。

（1）热继电器的类型选择

当被保护的电动机为 Y 形接法时，可选两相或普通三相结构的热继电器。如被保护的电动机为△形接法，必须选用三相结构带断相保护的热继电器。

（2）热继电器规格的选择

热继电器热元件额定电流应略大于被保护电动机额定电流。

（3）热继电器整定电流的选择

一般情况下，热继电器整定电流为被保护电动机额定电流的 0.95～1.05 倍。如果电动机拖动的是冲击负载或启动时间较长及拖动设备不允许停电的场合，热继电器的整定电流应选被保护电动机额定电流的 1.1～1.5 倍。如果电动机过载能力较差，热继电器的整定电流应选被保护电动机额定电流的 0.6～0.8 倍。

例如：某电动机的型号为 Y132M1-6，定子绕组为△形接法，额定功率为 4kW，额定电流为 9.4A，额定电压为 380V，要对该电动机实现过载保护，试选择热继电器的型号规格。

解：根据电动机的额定电流 9.4A 值，应选择热额定电流为 20A 的热继电器，其整定电流为 9.4A，由于电动机定子绕组为△形接法，应选择带断相保护装置的热继电器。据此，应选 JR16-20/3D，11A 的热继电器。

### 5. 注意事项

1）热继电器安装必须与产品说明书的要求相符，并注意将其安装在其他发热电器的下方，以免动作受到其他电器的影响。

2）热继电器的三相热元件应分别串接在电动机的三相主电路中，常闭触头串接在控制电路的接触器线圈回路中。

3）热继电器的进、出线端的连接导线，应按电动机额定电流正确选择导线截面积，并采用铜导线。

4）热继电器的整定电流必须按电动机的额定电流整定，且整定数值对准箭头，如图 1-19 所示。

图 1-19　热继电器结构整定电流

　　5）一般热继电器应置于手动复位的位置上，若需自动复位时，将复位螺钉向顺时针方向旋转 3～4 圈。一般手动复位需要 2min 后才能进行复位，自动复位需要 5min。

## ■ 思考与练习

　　1. 某电动机的型号为 Y-112M-4，功率为 4kW，△接法，额定电压为 380V，额定电流 8.8A，试选择开启式负荷开关、组合开关、断路器、熔断器、热继电器的型号规格。

　　2. 画出下列电器元件的图形符号，并对应标出文字符号。

　　负荷开关、组合开关、断路器、熔断器、热继电器、按钮。

　　3. 按钮和热继电器动作时，常开和常闭触头的顺序是怎样的？

　　4. 利用网上搜索引擎 www.google.com 和 www.baidu.com 或专业网站 www.electric.cn 和 www.chinapower.com.cn 查询题 2 所列出的电器元件其他外观结构形式，并说明网站名称。

## ■ 知识链接

与本任务相关的知识可参阅以下图书或网站：

　　1. 《电力拖动控制线路与技能训练》（科学出版社，田建苏等主编）

　　2. 《电力拖动控制线路与技能训练》（机械工业出版社，董桂桥主编）

　　3. 《工厂电气控制》（机械工业出版社，愈艳、金国砥主编）

　　4. www.chinapower.com.cn

　　5. www.electric.cn

# 任务 2 交流接触器的拆装与检修

## 场景描述

1. 在实训室中进行交流接触器的拆装、检修。
2. 实训室条件：工作台、交流接触器、常用电工工具及多媒体课件、投影仪等。

## 任务目标

1. 会识读交流接触器的型号含义。
2. 了解交流接触器的基本原理及结构。
3. 掌握交流接触器的图形符号和文字符号。
4. 会选用交流接触器。
5. 会交流接触器的拆装、检修与调试。

## 工作任务

部分交流接触器的外形如图 1-20 所示，它是一种电磁式开关，可实现远距离频繁地接通或断开交流主电路及大容量控制电路。其主要控制对象为交流电动机，也可用于控制其他负载，如电热设备、电焊机以及电容器组等。由于能实现远距离控制和具有欠电压保护功能，以及具有控制容量大、工作可靠、操作频率高、使用寿命长等优点，交流接触器广泛应用在工厂电气控制系统中。

本任务以 CJ10-20 为例学习交流接触器的检修和相关知识。

图 1-20 部分交流接触器的外形

## 实践操作

### 一、所需的工具、材料（表1-2）

**表1-2 器材明细**

| 代 号 | 名 称 | 型号规格 | 数 量 |
|---|---|---|---|
| T | 自耦调压器 | TDGC2-10/0.5 | 1 |
| KM | 交流接触器 | CJ10-20，380V | 1 |
| QS1 | 刀开关 | HK1-15/3 | 1 |
| QS2 | 刀开关 | HK1-15/2 | 1 |
| FU1<br>FU2 | 熔断器 | RL1-15/2A | 5 |
| EL | 白炽灯 | 220V/25W | 3 |
| A | 交流电流表 | 85L1-A，5A | 1 |
| V | 交流电压表 | 85L1-V，400V | 1 |
| | 万用表 | MF47 | 1 |
| | 开关板 | 500mm×400mm×30mm | 1 |
| | 导线 | BVR-1.0mm² | 若干 |
| | 常用电工工具 | | 1套 |

### 二、实训内容和步骤

1. 拆卸

1）拆下灭弧罩，如图1-21所示。

图1-21 拆下灭弧罩

2）拉紧主触头定位弹簧夹，将主触头侧转45°后［图1-22（a）］取下主触头和压力弹簧片。图 1-22（b）是取下主触头和压力弹簧后的图片。

（a）侧转45°  （b）取下主触头及压力弹簧

图 1-22 拆除主触头

3）松开辅助常开静触头的螺钉，卸下常开静触头，如图 1-23 所示。

4）用手按压底盖板，卸下螺钉，取下底盖板，如图 1-24 所示。

图 1-23 卸下常开静触头

图 1-24 取下底盖板

5）取出静铁芯和静铁芯支架及缓冲弹簧，如图 1-25 所示。

6）拔出线圈弹簧片，取出线圈，如图 1-26 所示。

图 1-25 取下静铁芯和静铁芯支架及缓冲弹簧

图 1-26 拔出线圈弹簧片，取出线圈

7）取出反作用弹簧和动铁芯塑料支架，如图 1-27 所示。

8）从支架上取下动铁芯定位销，取下动铁芯，如图 1-28 所示。

图 1-27　取出反作用弹簧和动铁芯塑料支架

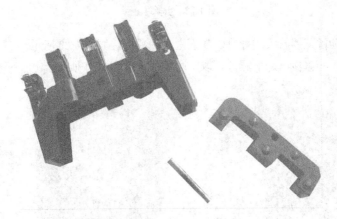

图 1-28　取下动铁芯定位销，取下动铁芯

**2. 检修**

1）检查灭弧罩有无破裂或烧损，清除灭弧罩内的金属飞溅物和颗粒，保持灭弧罩内清洁。

2）检查触头磨损的程度，磨损严重时应更换触头。若不需要更换，清除表面上烧毛的颗粒。

图 1-29　用万用表检查线圈

3）检查触头压力弹簧及反作用弹簧是否变形和弹力不足。

4）检查铁芯有无变形及端面接触是否平整。

5）用万用表检查线圈是否有短路或断路现象，如图 1-29 所示。

将万用表旋到电阻 $R \times 10$ 档位进行测量，首先进行欧姆调零，然后进行测量。如果测量电阻值很小或为"0"，则线圈短路；如果电阻值很大或为"∞"，则线圈断路，应更换线圈。

3. 装配

按拆除的逆序进行装配。

4. 调试

接触器装配好后进行调试。

1) 将装配好的接触器接入电路，如图 1-30 所示。

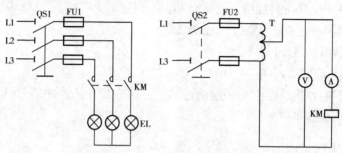

图 1-30　交流接触器校验电路

2) 将调压器调到零位。

3) 合上开关 QS1、QS2，均匀调节自耦调压器，使输出电压逐渐增大，直到接触器吸合为止，此时电压表上的电压值就是接触器吸合动作电压值，该电压值应小于或等于接触器线圈额定电压的 85%。接触器吸合后，接在接触器主触头上的灯应亮。

4) 保持吸合电压值，直接分合开关 QS2 两次，以校验其动作的可靠性。

5) 均匀调节自耦调压器，使输出电压逐渐减小，直到接触器释放为止，此时电压表上的电压值就是接触器释放电压值，该电压值应大于接触器线圈额定电压的 50%。

6) 调节自耦调压器，使输出电压等于接触器线圈额定电压，观察、倾听接触器铁芯有无振动及噪声。如果振动，指示灯也有明暗的现象。

7) 触头压力测量、调整。

① 断开开关 QS1、QS2，拆除主触头上的接线。

② 把一张厚度为 0.1mm（比主触头稍宽）的纸条放在主触头的动、静触头之间。

③ 合上 QS2，使接触器在线圈额定电压下吸合。用手拉动纸条，若触头压力合适，稍用力即可拉出。触头压力小、纸条很容易拉出，触头压力大、纸条容易拉断，都不合适，需要调整或更换触头弹簧，直到符合要求。

## ▌巩固训练

### 一、任务要求

1) 拆装交流接触器。

2) 检修交流接触器。

3) 校验交流接触器。

4) 调试交流接触器。

## 二、注意事项

1) 拆卸前，应备有盛装零件的容器，以免零件丢失。

2) 拆卸过程中，不允许硬撬，以免损坏电器元件。

3) 装配辅助静触头时，要防止卡住动触头。

4) 自耦调压器金属外壳必须接地。

5) 调节自耦调压器时，应均匀用力，不可过快。

6) 通电调试时，接触器必须固定在开关板上，并在指导教师的监护下进行。

7) 要做到安全操作和文明生产。

## 三、定额工时

额定工时为60min。

## 四、评分

评分细则见评分表。

## 学习检测

"交流接触器的拆装与检修"技能自我评分表

| 项　　　目 | 技术要求 | 配　　分 | 评分细则 | 评分记录 |
|---|---|---|---|---|
| 拆卸和装配 | 正确拆装 | 20 | 1. 拆卸步骤及方法不正确，每次扣3分<br>2. 拆装不熟练，扣3分<br>3. 丢失零件，每个扣2分<br>4. 拆卸后不能组装，扣10分<br>5. 损坏零件，扣2分 | |
| 检修 | 正确检修 | 30 | 1. 没有检修或检修无效，每次扣5分<br>2. 检修步骤及方法不正确，每次扣5分<br>3. 扩大故障、无法修复，扣20分 | |
| 校验 | 正确校验 | 25 | 1. 不能进行通电校验，扣5分<br>2. 校验方法不正确每次，扣2分<br>3. 校验结果不正确，扣5分<br>4. 通电时有振动或噪声，扣10分 | |
| 调整触头压力 | 正确调整 | 25 | 1. 不能判断触头压力，扣10分<br>2. 触头压力调整方法不正确，扣15分 | |
| 定额工时60min | 超时，从总分中扣分 | | 每超过5min，从总分中倒扣3分，但不超过10分 | |
| 安全、文明生产 | 满足安全、文明生产要求 | | 违反安全、文明生产，从总分中倒扣5分 | |

# 知识探究

## 一、型号含义

交流接触的型号中各部分的含义如下：

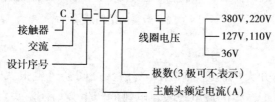

## 二、结构

交流接触器主要由电磁系统、触头系统、灭弧装置以及附件构成，各结构件如图 1-21～图 1-28 所示。

### 1. 电磁系统

交流接触器电磁系统主要由线圈、静铁芯、动铁芯（衔铁）三部分组成。电磁系统的主要作用是利用线圈的通电或断电，使动铁芯和静铁芯吸合或释放，从而带动动触头与静触头闭合或分段，实现电路接通或断开。

交流接触器的静铁芯和动铁芯一般用 E 形硅钢片叠压铆成，其目的是减少工作时交变磁场在铁芯中产生的涡流，避免铁芯过热。

为了减少接触器吸合时产生的振动和噪声，在静铁芯上装有一个铜短路环（又称减振环），如图 1-31 所示。

图 1-31 短路环

### 2. 触头系统

触头系统是接触器的执行元件，用以接通或分断所控制的电路。触头系统必须工作可靠、接触良好。交流接触器的三个主触头在接触器中央，触头较大，两个复合辅助触头分别位于主触头的左、右侧，上方为辅助动断触头，下方为辅助动合触头。辅助触头用于通断控制回路，起电气联锁作用。交流接触器的触头结构形式有桥式触头和指形触头两种形式，如图 1-32 （a，b）所示。

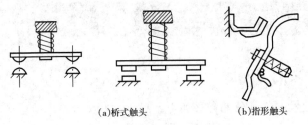

(a)桥式触头      (b)指形触头

图 1-32　触头的结构形式

### 3. 灭弧装置

交流接触器在断开大电流时，在动、静触头之间会产生很大的电弧。电弧是触头间气体在强电场作用下产生的放电现象，电弧的产生会灼伤触头，减少触头使用寿命，甚至会造成弧光短路引起火灾，因此要采取措施使电弧能尽快熄灭。在交流接触器中常用的灭弧方法有双断口电力灭弧、纵缝灭弧、栅片灭弧三种。

（1）双断口电力灭弧

双断口电力灭弧装置如图 1-33 （a）所示。这种灭弧方法适用于容量较小的交流接触器，如 CJ10-10 型交流接触器。

（2）纵缝灭弧

纵缝灭弧装置如图 1-33 （b）所示。这种灭弧方法适用于容量额定电流为 20A 以上的交流接触器。

（3）栅片灭弧

栅片灭弧装置如图 1-34 所示。这种灭弧方法适用于容量较大的交流接触器，如 CJ0-40 型交流接触器。

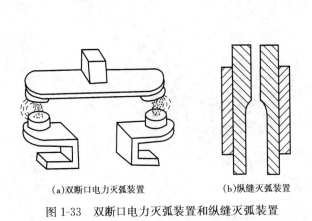

(a)双断口电力灭弧装置      (b)纵缝灭弧装置

图 1-33　双断口电力灭弧装置和纵缝灭弧装置

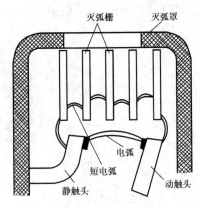

图 1-34　栅片灭弧装置

### 4. 附件

交流接触器的附件包括反作用弹簧、缓冲弹簧、触头压力弹簧、底座和接线柱等。

### 三、工作原理

当交流接触器的线圈通电后，线圈中流过的电流产生磁场，使铁芯产生足够大的吸力，克服反作用弹簧的反作用力，将衔铁吸合，通过传动机构带动三对主触头和辅助常开触头闭合，辅助常闭触头断开。当接触器线圈断电或电压显著下降时，由于电磁力消失或减小，衔铁在反作用弹簧的作用下复位，带动各触头恢复到原始状态。交流接触器的图形符号与文字符号如图 1-35 所示。

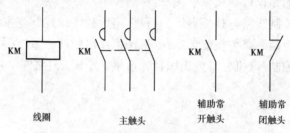

图 1-35　交流接触器的图形符号与文字符号

### 四、选用

1）交流接触器的主触头的额定电流应等于或稍大于被控制负载的额定电流。

2）交流接触器的线圈电压应等于控制线路中的控制电压。在机床控制设备中线圈额定电压一般采用 110V。

3）交流接触器的触头数量应满足控制线路要求的数量。

### 五、使用注意事项

1）安装前，应检查接触器铭牌与线圈的数据是否符合实际使用要求。

2）检查外观。其外观应无损伤。

3）应垂直安装，倾斜度不得超过 5°。

4）散热孔应朝垂直向上的方向，以利散热。

5）接线时，注意螺丝、线头或零部件不要掉入接触器内部。

**思考与练习**

1. 交流接触器铁芯上的短路环断裂后会产生什么现象？

2. 交流接触器动作时常开和常闭触头的顺序是怎样的？

3. 某电动机的型号为 Y-112M-4，功率为 4kW，△接法，额定电压为 380V，额定电流 8.8A。如果控制线路的控制电压为 127V，试选择交流接触器的型号规格。

4. 如果交流接触器没有灭弧装置，会产生什么恶果？

5. 思考交流接触器的拆装步骤。

6. 利用网上搜索引擎 www. google. com 和 www. baidu. com 或专业网站 www. electric. cn 和 www. chinapower. com. cn 查询 B 系列和 BT 系列交流接触器的特点。

## 知识链接

与本任务相关的知识可参阅以下图书：

1.《电力拖动控制线路与技能训练》（科学出版社，田建苏等主编）

2.《电力拖动控制线路与技能训练》（机械工业出版社，董桂桥主编）

3.《工厂电气控制》（机械工业出版社，愈艳、金国砥主编）

# 任务 3 空气阻尼式时间继电器的拆装与检修

## 场景描述

1. 在实训室中进行空气阻尼式时间继电器的拆装、检修。
2. 实训室条件：工作台、空气阻尼式时间继电器、常用电工工具及多媒体课件、投影仪等。

## 任务目标

1. 会识读时间继电器的型号。
2. 了解空气阻尼式时间继电器的基本原理及结构。
3. 掌握时间继电器的图形符号和文字符号。
4. 会选用时间继电器。
5. 会拆装、检修与调试空气阻尼式时间继电器。

## 工作任务

时间继电器是一种从得到输入信号（线圈通电或断电）起需要经过一段时间的延时后才输出信号（触头闭合或断开）的继电器，广泛用于需要按时间顺序进行控制的电气控制线路中。常用的时间继电器有电磁式、电动式、晶体管式、空气阻尼式、电子式、数显式等，如图 1-36（a～f）所示。

本任务以 JS7-2A 空气阻尼式时间继电器为例学习时间继电器的检修和相关知识。

（a）电磁式　　（b）电动式　　（c）晶体管式

（d）空气阻尼式　　（e）电子式　　（f）数显式

图 1-36　部分时间继电器的外形

## 实践操作

### 一、所需的工具、材料（表1-3）

**表1-3　器材明细**

| 代　号 | 名　　称 | 型号规格 | 数　量 |
|---|---|---|---|
| T | 自耦调压器 | TDGC2-10/0.5 | 1 |
| KT | 时间继电器 | JS7-2A，380V | 1 |
| QS | 组合开关 | HZ10-25/3 | 1 |
| FU | 熔断器 | RL1-15/2A | 1 |
| EL | 白炽灯 | 220V/25W | 3 |
| SB1<br>SB2 | 按钮 | LA10-2H | 1 |
| | 万用表 | MF47 | 1 |
| | 开关板 | 500mm×400mm×30mm | 1 |
| | 导线 | BVR-1.0mm² | 若干 |
| | 常用电工工具 | | 1套 |

### 二、实训内容和步骤

1. 触头检修

1）拆下延时微动开关和瞬时微动开关，如图1-37所示。

2）均匀用力慢慢撬开并取下微动开关盖板，如图1-38所示。

图1-37　拆下延时微动开关和瞬时微动开关

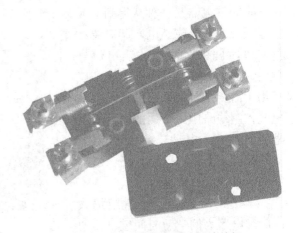

图1-38　撬开并取下微动开关盖板

3）取下动触头及其附件，如图1-39所示。注意不要用力过猛使小弹簧和波垫片丢失。

图1-39　取下动触头及其附件

4）进行触头整修。整修时，不允许用砂纸或其他研磨材料修整。应当使用锋利的刀刃或什锦锉修整。触头确实不能修复，则更换微动开关。

5）按拆卸时的逆序装配。

6）手动检查微动开关的分合是否动作和接触良好。

**2. 线圈更换**

如果线圈短路、断路或烧坏，应予更换，更换时的操作顺序如下：

1）拆下线圈和铁芯总成部分，如图1-40所示。

图1-40　拆下线圈和铁芯总成部分

2）连同安装底板拆下瞬时触头，如图1-41所示。

3）拆下线圈部分的反力弹簧和定位卡簧，如图1-42所示。

4）取下柱销卡簧片，拔出柱销，取下弹簧片和衔铁（动铁芯），如图1-43所示。

5）将线圈从推杆上取下，取出静铁芯，如图1-44所示。注意取下线圈时应当小心，不要丢失线圈与推杆之间的钢珠。

图 1-41　连同安装底板拆下瞬时触头

图 1-42　拆下线圈部分的反力弹簧和定位卡簧

图 1-43　取下弹簧片和衔铁

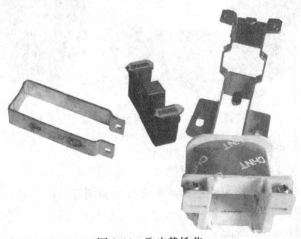

图 1-44　取出静铁芯

6）更换相同电压等级的线圈，按拆卸时的逆序装配。

**3. 改装**

将 JS7-2A 通电延时型时间继电器改装成 JS7-4A 断电延时型时间继电器的操作顺序如下：

1）松开线圈支架紧固螺丝，取下线圈和铁芯总成，如图 1-45 所示。

图 1-45　取下线圈和铁芯总成

2）将总成部件沿水平方向旋转 180°，如图 1-46 所示。

图 1-46　将总成部件沿水平方向旋转 180°

3）装上总成，旋紧螺丝。改装后的时间继电器如图 1-47 所示。

4）观察触头动作情况，将其调整在最佳位置上。调整延时触头时，前后移动线圈和铁芯总成；调整瞬时触头时，前后移动调整微动开关安装底板。调整后旋紧相应的螺丝。

图 1-47　改装后的时间继电器

**4. 调试校验**

1）将改装好的时间继电器接入电路，如图 1-48 所示，时间整定为 3s。

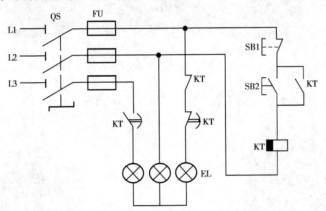

图 1-48　空气阻尼式时间继电器校验电路

2）合上 QS，此时接在 L1 和 L2 相上的灯亮。

3）按下启动按钮 SB1，延时 3s 后，L1 相上的灯熄灭，L2 和 L3 相上的灯亮。

4）1min 内往复试验 10 次。

5）合格标准为：在 1min 内通电频率不小于 10 次，做到各触头工作良好，吸合时无噪声，铁芯释放迅速。10 次的动作延时时间一致。

# 巩固训练

## 一、任务要求

1）拆装空气阻尼式时间继电器。

2）检修空气阻尼式时间继电器。

3）校验空气阻尼式时间继电器。

## 二、注意事项

1）拆卸前，应备有盛装零件的容器，以免零件丢失。

2）拆卸过程中不允许硬撬，以免损坏电器元件。

3）接线时注意接线端子上的线头距离，线头不要有毛刺，以免发生短路故障。

4）通电调试时，时间继电器必须固定在开关板上，并在指导教师的监护下进行。

5）要做到安全操作和文明生产。

## 三、定额工时

额定工时为60min。

## 四、评分

评分细则见评分表。

**学习检测**

"空气阻尼式时间继电器的拆装与检修"技能自我评分表

| 项　目 | 技术要求 | 配　分 | 评分细则 | 评分记录 |
|---|---|---|---|---|
| 拆卸和装配 | 正确拆装 | 20 | 1. 拆卸步骤及方法不正确，扣3分<br>2. 拆装不熟练，扣3分<br>3. 丢失零件，每零件，扣2分<br>4. 拆卸后不能组装，扣10分<br>5. 损坏零件，每零件，扣2分 | |
| 检修 | 正确检修 | 30 | 1. 没有检修或检修无效果，扣5分<br>2. 检修步骤及方法不正确，扣5分<br>3. 扩大故障无法修复，扣20分 | |
| 校验 | 正确校验 | 25 | 1. 不能进行通电校验，扣5分<br>2. 校验方法不正确，每次扣2分<br>3. 校验结果不正确，扣5分<br>4. 通电时有振动或噪声，扣10分 | |
| 改装 | 正确改装 | 25 | 1. 改装不熟练，扣5分<br>2. 改装错误，每返工1次，扣5分 | |
| 定额工时60min | 超时，从总分中扣分 | | 每超过5min，从总分中倒扣3分，但是不超过10分 | |
| 安全、文明生产 | 按安全、文明生产要求 | | 违反安全、文明生产，从总分中倒扣5分 | |

## 知识探究

### 一、型号含义

时间继电器型号中各部分的含义如下：

J S □-□ A □

继电器 ——┘ │ │ │ └── 线圈电压
时间 ————┘ │ │
设计序号 ——————┘ │

线圈电压：
- 380V,220V
- 127V,110V
- 36V

结构设计稍有改动

基本规格代号：
- 1 表示通电延时，无瞬时触头
- 2 表示通电延时，有瞬时触头
- 3 表示断电延时，无瞬时触头
- 4 表示断电延时，有瞬时触头

### 二、结构

JS7-A 系列时间继电器主要由电磁系统、触头系统、空气室、传动机构等组成，如图 1-49 所示。

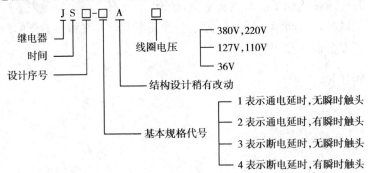

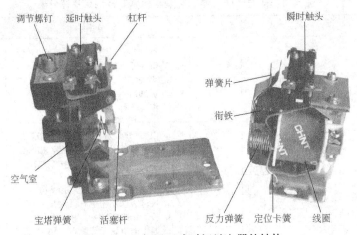

图 1-49　空气阻尼式时间继电器的结构

1）电磁系统：由线圈、静铁芯和衔铁组成。

2）触头系统：由两个微动开关构成一对瞬时常开触头、一对瞬时常闭触头、一对延时常开触头和一对延时常闭触头。

3）空气室：主要由橡皮膜（气囊）、活塞等组成，如图 1-50 所示。

4）传动机构：主要由推杆、活塞杆、杠杆及各类弹簧等组成。

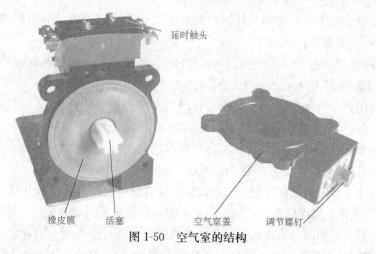

橡皮膜　　活塞　　　　　　空气室盖　　调节螺钉

图 1-50　空气室的结构

## 三、工作原理

以通电延时型时间继电器为例：当线圈通电后，铁芯产生足够大的吸力，克服反作用弹簧的反作用力，将衔铁吸合，衔铁带动推杆立即动作，压合瞬时触头，使瞬时触头的常闭断开、常开闭合。同时，活塞杆没有受到推杆的作用力，而是在宝塔弹簧的作用力下，带动与活塞相连的橡皮膜向线圈和铁芯总成方向移动，移动的速度受进气孔进（在调节螺钉旁）气的速度限制。这时橡皮膜下面的空气比上面的空气稀薄，上下之间形成压力差，对活塞的移动产生阻力作用，活塞与活塞杆带动杠杆只能缓慢移动。经过一段时间，活塞完成全部行程，使得杠杆压合延时触头，常闭触头断开，常开触头闭合。

旋动调节螺钉即可调节进气孔的大小，达到调节延时目的。

## 四、图形符号与文字符号

时间继电器的图形符号与文字符号如图 1-51 所示，符号说明如下：

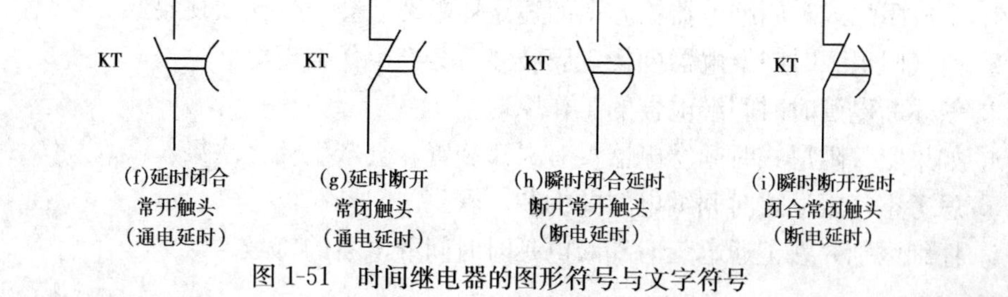

KT　　　　　　　　KT　　　　　KT　　　　　　KT　　　　　　　　　KT

(a)一般线圈符号　　(b)通电延时线圈　　(c)断电延时线圈　　(d)瞬时闭合　　(e)瞬时断开
　　　　　　　　　　　　　　　　　　　　　　　　　　　常开触头　　　常闭触开

KT　　　　　　KT　　　　　　KT　　　　　　KT

(f)延时闭合　　　(g)延时断开　　　(h)瞬时闭合延时　　(i)瞬时断开延时
常开触头　　　　常闭触头　　　　断开常开触头　　　闭合常闭触头
（通电延时）　　（通电延时）　　（断电延时）　　　（断电延时）

图 1-51　时间继电器的图形符号与文字符号

1）在控制线路中，只有通电延时时间继电器，或只有断电延时时间继电器时，可以用一般线圈图形符号，见图 1-51 (a)。

2）在控制线路中，如果有通电延时时间继电器又有断电延时时间继电器时，必须用各自的线圈图形符号，见图 1-51 (b, c)。

3）延时闭合常开触头，是指线圈没有通电时触头处于断开状态，当线圈通电，经过一定延时时间后触头才闭合的触头，见图 1-51 (f)。

4）延时断开常闭触头，是指线圈没有通电时触头处于闭合状态，当线圈通电，经过一定延时时间后触头才断开的触头，见图 1-51 (g)。

5）瞬时闭合延时断开常开触头，是指线圈没有通电时触头处于断开状态，当线圈通电后触头立即闭合，线圈断电，经过一定延时时间后触头才断开的触头，见图 1-51 (h)。

6）瞬时断开延时闭合常闭触头，是指线圈没有通电时触头处于闭合状态，当线圈通电后触头立即断开，线圈断电，经过一定延时时间后触头才闭合的触头，见图 1-51 (i)。是通电延时触头还是断电延时触头注意区分符号上的半圆。

## 五、选用

1）空气阻尼式时间继电器适用于延时精度不高的场合。

2）根据控制工艺要求，选择时间继电器的工作方式是通电延时还是断电延时，同时考虑线路对瞬时触头的要求。

3）空气阻尼式时间继电器的线圈电压应等于控制线路中的控制电压。在机床控制设备中线圈额定电压一般采用 110V。

## 六、使用注意事项

1）安装前，检查时间继电器铭牌与线圈的数据是否符合实际使用要求。

2）检查外观，外观应无损伤。

3）应垂直安装，倾斜度不得超过 5°，释放时衔铁的运动方向向下。

4）时间继电器的整定值应预先在不通电时整定好，试车时校正。

5）通电延时型和断电延时型自行调换。

**思考与练习**

1. 空气阻尼式时间继电器铁芯上的短路环断裂后会产生什么现象？

2. 空气阻尼式时间继电器的橡皮膜破裂后会产生什么现象？

3. 叙述断电延时时间继电器的工作原理。

4. 如果空气阻尼式时间继电器没有灭弧装置，会产生什么恶果？

5. 思考空气阻尼式时间继电器的拆装步骤。

6. 仔细区别并熟记通电延时和断电延时时间继电器的符号。

7. 利用网上搜索引擎 www. google. com 和 www. baidu. com 或专业网站 www. electric. cn 和 www. chinapower. com. cn 查询其他形式的时间继电器。

## 知识链接

与本任务相关的知识可参阅以下图书：

1.《电力拖动控制线路与技能训练》（科学出版社，田建苏等主编）

2.《电力拖动控制线路与技能训练》（机械工业出版社，董桂桥主编）

3.《工厂电气控制》（机械工业出版社，愈艳、金国砥主编）

# 项目2

## 异步电动机控制系统的安装、调试及故障处理

**教学目标**

1. 理解异步电动机控制系统的工作原理。
2. 能识读异步电动机控制系统安装图和原理图。
3. 会选用元件和导线。
4. 通过实训，学生能独立完成异步电动机控制线路的安装、调试。
5. 会处理通电试车中出现的故障。

**安全规范**

1. 穿戴好安全防护用具，严禁穿凉鞋、背心、短裤、裙装进入实训场地。
2. 使用绝缘工具，并认真检查工具绝缘是否良好。
3. 停电作业时，必须先验电确认无误后方可工作。
4. 带电作业时，必须在教师的监护下进行。
5. 树立安全和文明生产意识。

**技能要求**

1. 学会异步电动机控制线路分析。
2. 掌握异步电动机控制系统的线路安装、调试。
3. 会选用机床电气控制的电器元件和导线。
4. 能排除电气控制线路的一般故障。
5. 掌握板前布线和线槽布线的基本要求。

# 三相交流异步电动机正转控制线路的安装与调试

**场景描述**

1. 在实训室中进行三相交流异步电动机正转控制线路的安装、调试。

2. 实训室条件：YL-WX-II型实训台或工作台（见下图）、必要的元器件、导线、开关板、常用工具、多媒体课件等。

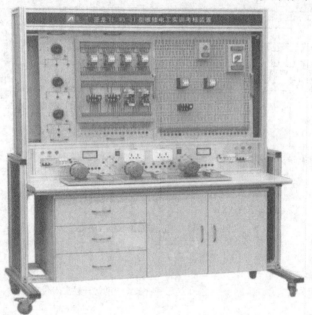

**任务目标**

1. 掌握三相交流异步电动机正转控制线路工作原理。

2. 会选用元件和导线。

3. 能根据线路图安装三相交流异步电动机正转控制线路。

4. 知道控制线路安装要领。

5. 能正确调试三相交流异步电动机正转控制线路。

6. 对线路出现的故障现象能正确、快速地排除。

# 工作任务

三相交流异步电动机正转控制线路是三相异步电动机控制系统中最为简单的控制线路，有点动控制线路和连续运转控制线路之分。

所谓点动控制，是指按下按钮电动机就运转，松开按钮电动机就停止的控制方式。它是一种短时断续控制方式，主要应用于设备的快速移动和校正装置。由于它是短时断续工作，因而不需要过载保护。点动控制线路如图 2-1(a) 所示。

连续运转控制，是指按下启动按钮电动机就运转，松开按钮启动后电动机仍然保持运转的控制方式。由于它是连续工作，为避免因过载或缺相烧毁电动机，必须采用过载保护。连续运转控制线路如图 2-1(b) 所示。

连续运转控制线路原理分析：如图 2-1(b) 所示，首先合上电源开关 QS。

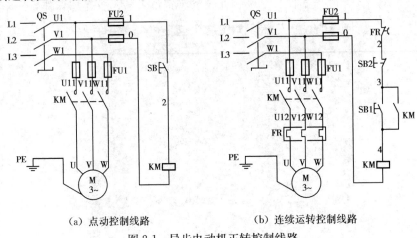

　　(a) 点动控制线路　　　　　　　(b) 连续运转控制线路

图 2-1　异步电动机正转控制线路

## 1. 启动

当松开 SB1 后，尽管 SB1 断开，因接触器 KM 的辅助常开触头闭合时已经将 SB1 短接，控制电路仍保持接通，所以接触器 KM 线圈继续得电，电动机 M 连续运转。

当松开启动按钮后，接触器 KM 通过自身辅助常开触头而使线圈保持得电的作用叫做自锁，与启动按钮并联起自锁的常开辅助触头叫自锁触头。

## 2. 停止

因停止按钮 SB2 在控制电路中与交流接触器 KM 的线圈串联，当按下停止按钮

SB2 时，KM 的线圈即刻断电释放，切断电路，电动机 M 失电停转。

当松开 SB2 后，尽管 SB2 复位闭合，因接触器 KM 的自锁在切断电路时已断开，启动按钮 SB1 也是断开的，所以接触器 KM 线圈不能得电，电动机 M 也不会运转。

**3. 过载**

当电动机发生过载、电流增大超过整定值时，热继电器 FR 的热元件发热，使串联在控制电路中的常闭触头（1#，2#）断开，切断接触器 KM 线圈回路，KM 的线圈即刻断电释放，切断电路，电动机 M 失电停转，达到过载保护的目的。

# ■ 实践操作

## 一、所需的工具、材料

1) 所需工具有常用电工工具、万用表等。
2) 所需材料见表 2-1。

表 2-1  电器元件明细

| 图上代号 | 元件名称 | 型号规格 | 数  量 | 备  注 |
|---|---|---|---|---|
| M | 三相交流异步电动机 | Y-112M-4/4kW，△接法，380V，8.8A，1440r/min | 1 | |
| QS | 转换开关 | HZ10-25/3 | 1 | |
| FU1 | 熔断器 | RL1-60/25A | 3 | |
| FU2 | 熔断器 | RL1-15/2A | 2 | |
| KM | 交流接触器 | CJ10-10，380V | 1 | |
| FR | 热继电器 | JR36-20/3，整定电流 8.8A | 1 | |
| SB1 | 启动按钮 | LA10-2H | 1 | 绿色 |
| SB2 | 停止按钮 | | | 红色 |
| | 接线端子 | JX2-Y010 | 1 | |
| | 导线 | BV-1.5mm²，1mm² | 若干 | |
| | 导线 | BVR-1mm² | 若干 | |
| | 冷压接头 | 1mm² | 若干 | |
| | 异形管 | 1.5mm² | 若干 | |
| | 油记笔 | 黑（红）色 | 1 | |
| | 开关板 | 500mm×400mm×30mm | 1 | |

## 二、电路安装

1）根据表 2-1 配齐所用电器元件，并检查元件质量。

2）根据图 2-1 画出元件布置图，如图 2-2 所示。

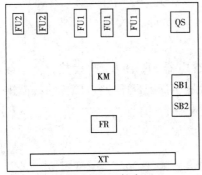

图 2-2　元件布置

3）根据元件布置图安装元件，各元件的安装位置整齐、匀称、间距合理，便于元件的更换，元件紧固时用力均匀，紧固程度适当，按钮可以不安装在控制板上（实际生产设备中按钮安装在机械设备上）。元件安装后如图 2-3 所示。

4）布线。布线时以接触器为中心，由里向外、由低至高，先电源电路、再控制电路、后主电路进行布线，以不妨碍后续布线为原则。

图 2-3　元件安装后

① 电源电路布线后如图 2-4 所示。

图 2-4　电源电路布线后

② 控制电路 1# 和 2# 线布线后如图 2-5 所示。

图 2-5　控制电路 1# 和 2# 线布线后

③ 控制电路 3# 和 4# 线布线后如图 2-6 所示。

图 2-6　控制电路 3# 和 4# 线布线后

④ 主电路布线后如图 2-7 所示。

5）连接按钮，完成的控制板如图 2-8 所示。

6）整定热继电器。

7）连接电动机和按钮金属外壳的保护接地线。

8）连接电动机和电源。

9）检查。通电前，应认真检查有无错接、漏接造成不能正常运转或短路事故的现象。

10）通电试车试车时，注意观察接触器情况。观察电动机运转是否正常，若有异常现象应马上停车。

图 2-7　主电路布线后

图 2-8　完成的控制板

11）试车完毕。应遵循停转、切断电源、拆除三相电源线、拆除电动机线的顺序。

## 巩固训练

### 一、任务要求

1）识读图 2-1（b）所示控制线路的工作原理。

2）按表 2-1 配齐所有元件，并进行质量检查，将检查情况记入表 2-2 中。

表 2-2 元器件清单

| 元件名称 | 型号规格 | 数 量 | 是否适用 |
|---|---|---|---|
| 转换开关 | | | |
| 熔断器 | | | |
| 交流接触器 | | | |
| 热继电器 | | | |
| 按钮 | | | |

3) 在规定时间内独立完成图 2-1(b) 所示控制线路的安装，并根据工艺要求进行调试。

4) 检修调试过程中出现的故障。

## 二、注意事项

1) 热继电器的热元件应串联在主电路中，其常闭触头串联在控制电路中。

2) 热继电器的整定电流应按电动机额定电流自行整定，绝对不允许弯折双金属片。

3) 编码套管要正确。

4) 控制板外配线必须加以防护，确保安全。

5) 电动机及按钮金属外壳必须保护接地。

6) 通电试车、调试及检修时，必须在指导教师的监视和允许下进行。

7) 要做到安全操作和文明生产。

## 三、额定工时

额定工时为 90min。

## 四、评分

评分细则见评分表。

## ▌学习检测

"三相交流异步电动机正转控制线路的安装与调试"技能自我评分表

| 项 目 | 技术要求 | 配 分 | 评分细则 | 评分记录 |
|---|---|---|---|---|
| 安装前检查 | 正确无误检查所需元件 | 5 | 电器元件漏检或错检，每个扣 1 分 | |
| 安装元件 | 按布置图合理安装元件 | 15 | 不按布置图安装，扣 3 分<br>元件安装不牢固，每个扣 0.5 分<br>元件安装不整齐、不合理，扣 2 分<br>损坏元件，扣 10 分 | |

续表

| 项　目 | 技术要求 | 配　分 | 评分细则 | 评分记录 |
|---|---|---|---|---|
| 布线 | 按控制接线图正确接线 | 40 | 不按控制线路图接线，扣10分<br>布线不美观，主电路、控制电路，每根扣0.5分<br>接点松动，露铜过长，反圈、有毛刺，标记线号不清楚或遗漏或误标，每处扣0.5分<br>损伤导线，每处扣1分 | |
| 通电试车 | 正确整定元件，检查无误，通电试车一次成功 | 40 | 热继电器未整定或错误，扣5分<br>熔体选择错误，每组扣10分<br>试车不成功，每返工一次扣5分 | |
| 定额工时 90min | 超时，此项从总分中扣分 | | 每超过5min，从总分中倒扣3分，但不超过10分 | |
| 安全、文明生产 | 按照安全、文明生产要求 | | 违反安全、文明生产，从总分中倒扣5分 | |

## 知识探究

### 一、绘制、识读电气控制线路图

1）电路图一般分电源电路、主电路、控制电路（辅助电路）三部分绘制。

2）电源电路画成水平线，三相电源 L1，L2，L3 自上而下依次画出，中线 N 和保护接地线 PE 依次画在相线之下。直流电源的"＋"端在上边，"－"端在下边。电源开关水平画出。

3）为读图方便，控制电路一般按照自左向右、自上而下的排列来表示操作顺序。

4）各电器的触头位置都按照电路没有通电或电器没有受到外力作用时的常态位置画出，分析原理时应从常态位置出发。

5）电路图中，电器元件采国家统一规定的电气图形符号画出。同一电器元件不按实际位置画在一起，而是按其在线路中所起的作用分别画在不同电路中，但是它们的动作是相互关联的，必须标注文字符号。电路中相同电器元件较多时，需要在电器文字符号后面加上不同数字以示区别，如 SB1，SB2，KM1，KM2 等。

6）画电路图时，尽量减少和避免线条交叉，对有直接电的联系的交叉导线连接点，用小黑圆点表示。

7）电路图中要用字母或数字编号。

① 主电路在电源开关出现端按相序依次编号为 U1，V1，W1，然后按自上而下、自左向右的顺序，每经过一个电器元件后编号递增，如 U11，V11，W11。

② 三相交流电动机的三根引出线按相序依次编号为 U，V，W。同一电路中有多

台电动机时，为了区别，在字母前加数字区别，如 1U，1V，1W。

③ 控制电路按"等电位"原则，依自上而下、自左向右的顺序用数字依次编号，每经过一个电器元件后编号依次递增。控制电路编号从1开始，每个电压等级不同的控制电路的起始号递增 100，如控制电路中的照明电路从 101 开始，指示电路从 201 开始。

8）布置图：它不表达电器的结构、作用接线情况和原理，主要用于电器元件的布置、安装。

9）接线图：是根据电气设备和电器元件的实际位置和安装情况绘制的，只表示电气设备和电器元件的位置、配线方法和接线方式，不表示电气动作原理。它主要用于设备的线路安装接线和电气故障检修。

## 二、控制线路的安装步骤

1）识读电路图，明确线路所用的元件及其作用，熟悉线路工作原理。

2）根据控制线路图（电路图）的电器元件明细表或电动机的容量选择配齐电器元件，并进行检查。

3）选配安装用的开关板。

4）绘制布置图。

5）安装固定元件，要求：

① 组合开关、熔断器的受电端子在控制板外侧。

② 各元件的安装位置整齐、匀称、间距合理，便于元件的更换。

③ 元件紧固时用力均匀，紧固程度适当。

6）选择导线。

① 选择主电路导线。主电路导线选择根据电动机容量（功率）选择，一般原则是：

a. 根据电动机容量估算电动机的额定电流，电动机额定电流 $I_N$ 等于电动机额定容量的2倍，即 $I_N=2P_N$。

b. 根据电动机额定电流 $I_N$ 选择导线。在机床控制线路中，导线一律采用铜导线，导线截面积 $S$ 按 $J=6A/mm^2$ 的安全载流量进行选择。

c. 选择的导线应等于或略大于计算的截面积。

例如：一台被控制的电动机的额定功率为 7.5kW，要求选择主导线。

解：a. 估算额定电流。

$$I_N=2P_N=2\times7.5=15A$$

b. 估算导线截面积。

$$S=I_N/J=15/6=2.5mm^2$$

c. 选择导线。电动机所带负载较轻，确定选择 2.5mm² 的铜导线。如果负载较重，或频繁启动，就应确定为 4mm² 的铜导线。

② 选择控制电路导线。控制电路导线一般采用截面面积不小于 1mm² 的铜导线，按钮线一般采用截面面积不小于 0.75mm² 的软铜导线（BVR 型），接地线一般采用截

面面积不小于 1.5mm² 的软铜导线（BVR 型）。

7）布线。机床电气控制线路的布线方式一般有两种：一种是采用板前布线（明敷），另一种是采用线槽布线（明、暗敷结合）。本任务采用的是板前布线方式，线槽布线在后续任务中介绍，现介绍板前布线的基本要求。

① 布线通道尽可能少，同路并行导线按主电路、控制电路分类集中、单层密布、紧贴安装面板。

② 同一平面的导线应高低一致或前后一致，不得交叉。

③ 布线应横平竖直分布均匀，变换方向时应垂直。

④ 布线时以接触器为中心，由里向外、由低至高，先电源电路、再控制电路后主电路进行，以不妨碍后续布线为原则。

⑤ 导线的两端应套上号码管。

⑥ 所有导线中间不得有接头。

⑦ 导线与接线端子连接时不得压绝缘层，不得反圈及裸露金属部过长。

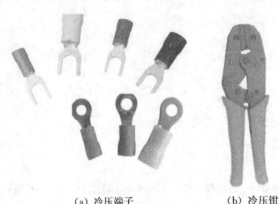

（a）冷压端子　　　　　（b）冷压钳

图 2-9　冷压端子及冷压钳

⑧ 一个接线端子上的导线不得多于两根。

⑨ 软导线与接线端子连接时必须压接冷压端子，冷压端子如图 2-9（a）所示。

8）连接电动机和所有电器元件金属外壳的保护接地线。

9）连接电动机、电源等控制板外部的导线。

10）检查。

① 按电路图逐一核对线号是否正确、有无漏接或错接。

② 检查导线压接是否牢固、接线点是否有松动现象、接触是否良好。

③ 检查电器元件触头和接线端子之间是否有异物，以防造成短路。

11）通电试车。

## 思考与练习

1. 识读图 2-1 所示的电气控制线路图，并比较图(a)与图(b)不同之处。

2. 什么是点动、自锁？

3. 观察自己与其他同学试车时电动机旋转的方向并记录。

4. 请你设计一台既能点动控制又能连续运行的异步电动机的控制电路。（提示：在点动控制时必须先切断自锁）

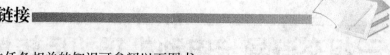

**知识链接**

与本任务相关的知识可参阅以下图书：

1.《电力拖动控制线路与技能训练》（科学出版社，田建苏等主编）

2.《电力拖动控制线路与技能训练》（机械工业出版社，董桂桥主编）

3.《工厂电气控制》（机械工业出版社，愈艳、金国砥主编）

# 三相交流异步电动机正、反转控制线路的安装与调试

任务 2

## 场景描述

1. 在实训室中进行三相交流异步电动机正、反转控制线路的安装与调试。

2. 实训室条件：YL-WX-Ⅱ型实训台或工作台（见下图）、必要的元器件、导线、开关板、常用工具及多媒体课件等。

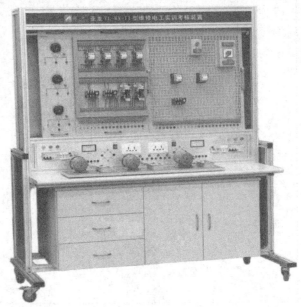

## 任务目标

1. 识读三相交流异步电动机正、反转控制线路工作原理。

2. 会选用元件和导线。

3. 根据线路图安装三相交流异步电动机正、反转控制线路。

4. 知道基本控制线路检修的一般方法。

5. 正确调试三相交流异步电动机正、反转控制线路。

6. 对线路出现的故障能正确、快速地排除。

## 工作任务

　　在任务 1 中的三相交流异步电动机正转控制线路只能使电动机拖动设备的运动部件朝一个方向运动，但许多设备的运动部件要求能正、反两个方向运动，如摇臂钻床的摇臂升降、镗床主轴的正反转、起重机的升降等，这些设备要求电动机能实现正、反转控制。

　　当改变通入电动机定子绕组的三相电源相序，也就是把接入电动机定子绕组的三相电源任意两相对调接线时，电动机就可以反转。我们在任务 1 通电试车时看到，有些同学的电动机的旋转方向不相同，其原因就是接入电动机电源相序不同。正、反转控制线路图如图 2-10 所示。

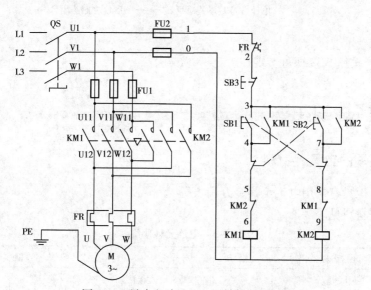

图 2-10　异步电动机正、反转控制线路图

　　线路中采用了两个交流接触器 KM1，KM2，分别控制电动机的正、反转，接触器 KM1，KM2 分别由按钮 SB1，SB2 控制。为了操作方便，两个按钮采用复合按钮，它们的常闭分别串接在对方的接触器线圈回路中，构成按钮联锁（互锁）。

　　接触器 KM1，KM2 的主触头不能同时闭合，否则会造成两相电源（L1 相和 L3 相）短路事故。为了避免两个接触器同时得电吸合，在接触器 KM1，KM2 的线圈回路中又分别串接了对方的一对常闭触头，构成接触器联锁，用符号"▽"表示。实现联锁作用的辅助常闭触头叫联锁触头（或互锁触头）。

　　只有按钮联锁的控制线路叫按钮联锁控制线路，只有接触器联锁的控制线路叫接触器联锁控制线路，既有按钮联锁、又有接触器联锁的控制线路叫双重联锁控制线路。

　　原理分析：首先合上电源开关 QS。

### 1. 正转

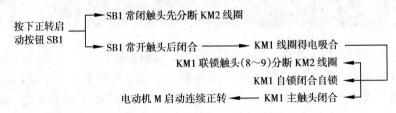

### 2. 反转

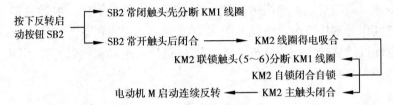

### 3. 停止

按下停止按钮 SB3 即可实现。

## ▋实践操作

### 一、所需的工具、材料

1) 所需工具有常用电工工具、万用表等。

2) 所需材料见表 2-3。

表 2-3　电器元件明细

| 图上代号 | 元件名称 | 型号规格 | 数量 | 备注 |
|---|---|---|---|---|
| M | 三相交流异步电动机 | Y-112M-4/4kW，△接法，380V，8.8A，1440r/min | 1 | |
| QS | 转换开关 | HZ10-25/3 | 1 | |
| FU1 | 熔断器 | RL1-60/25A | 3 | |
| FU2 | 熔断器 | RL1-15/2A | 2 | |
| KM1，KM2 | 交流接触器 | CJ10-10，380V | 1 | |
| FR | 热继电器 | JR36-20/3，整定电流 8.8A | 1 | |
| SB1 | 正转按钮 | | | 绿色 |
| SB2 | 反转按钮 | LA10-3H | 1 | 黑色 |
| SB3 | 停止按钮 | | | 红色 |
| | 接线端子 | JX2-Y010 | 2 | |
| | 导线 | BV-1.5mm², 1mm² | 若干 | |

| 图上代号 | 元件名称 | 型号规格 | 数 量 | 备 注 |
|---|---|---|---|---|
| | 导线 | BVR-1mm² | 若干 | |
| | 冷压接头 | 1mm² | 若干 | |
| | 异型管 | 1.5mm² | 若干 | |
| | 油记笔 | 黑（红）色 | 1 | |
| | 开关板 | 500mm×400mm×30mm | 1 | |

## 二、电路安装

1）根据表 2-3 配齐所用电器元件，并检查元件质量。

2）根据图 2-10 画出布置图，如图 2-11 所示。

3）根据元件布置图安装元件，各元件的安装位置整齐、匀称、间距合理、便于元件的更换，元件紧固时用力均匀、紧固程度适当。

4）布线。布线时以接触器为中心，由里向外、由低至高，先电源电路、再控制电路、后主电路进行，以不妨碍后续布线为原则。

① 先布电源电路。

② 然后布控制电路。

③ 再布主电路。

④ 连接按钮，完成的控制板如图 2-12 所示。

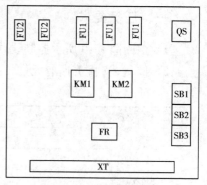

图 2-11　元件布置图

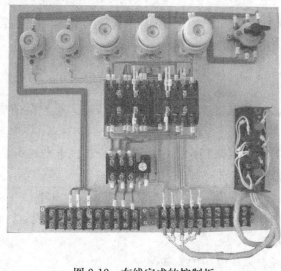

图 2-12　布线完成的控制板

5）整定热继电器。

6）连接电动机和按钮金属外壳的保护接地线。

7）连接电动机和电源。

8）检查。通电前，应认真检查有无错接、漏接造成不能正常运转或短路事故的现象。

9）通电试车。试车时，注意观察接触器情况。观察电动机运转是否正常，若有异常现象应马上停车。

10）试车完毕，应遵循停转、切断电源、拆除三相电源线、拆除电动机线的顺序。

## 巩固训练

### 一、任务要求

1）识读图 2-10 所示控制线路的工作原理。

2）按表 2-3 配齐所有元件，并进行质量检查，将检查情况记入表 2-4 中。

表 2-4　元器件清单

| 元件名称 | 型号规格 | 数　量 | 是否适用 |
|---|---|---|---|
| 转换开关 | | | |
| 熔断器 | | | |
| 交流接触器 | | | |
| 热继电器 | | | |
| 按钮 | | | |

3）在规定时间内独立完成图 2-10 所示控制线路的安装，并根据工艺要求进行调试。

4）检修调试过程中出现的故障。

### 二、注意事项

1）注意接触器 KM1，KM2 联锁的接线务必正确，否则会造成主电路中两相电源短路。

2）注意接触器 KM1，KM2 换相正确，否则会造成电动机不能反转。

3）螺旋式熔断器的接线务必正确，以确保安全。

4）第一次试车时，取下主熔断器的熔体，只试控制电路。看控制是否正常，有无联锁作用。确认无误后，装上主熔断器熔体试车，观察电动机运行情况（加时 10min）。

5）编码套管要正确。

6）控制板外配线必须加以防护，确保安全。

7）电动机及按钮金属外壳必须保护接地。

8）通电试车、调试及检修时，必须在指导教师的监视和允许下进行。

9）要做到安全操作和文明生产。

## 三、额定工时

额定工时为 120min。

## 四、评分

评分细则见评分表。

**学习检测**

### "三相交流异步电动机正、反转控制线路的安装"技能自我评分表

| 项　　目 | 技术要求 | 配　　分 | 评分细则 | 评分记录 |
|---|---|---|---|---|
| 安装前检查 | 正确无误检查所需元件 | 5 | 电器元件漏检或错检，每个扣 1 分 | |
| 安装元件 | 按布置图合理安装元件 | 15 | 不按布置图安装，扣 3 分<br>元件安装不牢固，每个扣 0.5 分<br>元件安装不整齐、不合理，扣 2 分<br>损坏元件，扣 10 分 | |
| 布线 | 按控制接线图正确接线 | 40 | 不按控制线路图接线，扣 10 分<br>布线不美观，主电路、控制电路，每根扣 0.5 分<br>接点松动，露铜过长，反圈、压绝缘层，标记号不清楚、遗漏或误标，每处扣 0.5 分<br>损伤导线，每处扣 1 分 | |
| 通电试车 | 正确整定元件，检查无误，通电试车一次成功 | 40 | 热继电器未整定或错误，扣 5 分<br>熔体选择错误，每组扣 10 分<br>试车不成功，每返工一次扣 5 分 | |
| 定额工时<br>120min | 超时，此项从总分中扣分 | | 每超过 5min，从总分中倒扣 3 分，但不超过 10 分 | |
| 安全、文明生产 | 按照安全、文明生产要求 | | 违反安全、文明生产，从总分中倒扣 5 分 | |

**知识探究**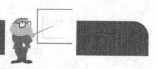

电动机基本控制线路故障检修的一般方法如下。

### 1.试验法

用试验方法观察故障现象，初步判定故障范围。

试验法是在不扩大故障范围、不损坏设备的前提下对线路进行通电试验，通过观

察电气设备和电器元件的动作，看是否正常、各个控制环节的动作程序是否符合要求，找出故障发生部位或回路。

**2. 电压分段测量法**

以检修图 2-13 所示控制电路为例，检修时，应两人配合，一人测量，一人操作按钮，但是操作人必须听从测量人口令，不得擅自操作，以防发生触电事故。

1）断开控制线路中主电路，然后接通电源。

2）按下 SB1，若接触器 KM 不吸合，说明控制电路有故障。

3）将万用表转换开关旋到交流电压 500V 档位。

4）如图 2-14 所示，用万用表测量 0# 和 1# 两点间电压。若没有电压或很低，检查熔断器 FU2；若有 380V 电压，说明控制电路的电源电压正常，进行下一步。

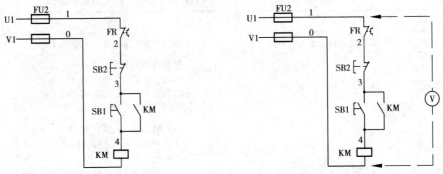

图 2-13  示例电路图          图 2-14  万用表测量 0# 与 1# 线之间的电压

5）如图 2-15 所示，万用表黑表笔搭接到 0# 线上，红表笔搭接到 2# 线上；若没有电压，说明热继电器 FR 的常闭触头有问题；若有 380V 电压，说明 FR 的常闭触头正常，进行下一步。

6）如图 2-16 所示，万用表黑表笔搭接到 0# 线上，红表笔搭接到 3# 线上。若没有电压，停止按钮 SB2 触头有问题；若有 380V 电压，说明 SB2 触头正常，进行下一步。

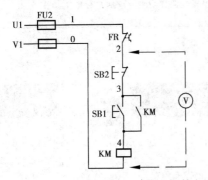
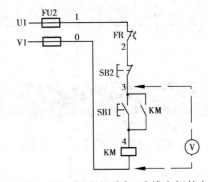

图 2-15  万用表测量 0# 与 2# 线之间的电压          图 2-16  万用表测量 0# 与 3# 线之间的电压

7）一人按住按钮 SB1 不放，另一人把万用表黑表笔搭接到 0# 线上，红表笔搭接到 4# 线上，如图 2-17 所示。若没有电压，说明启动按钮 SB1 有问题；若有 380V 电压，说明 KM 线圈断路。

3. 电阻分段测量法

1）断开电源。

2）将万用表转换开关旋到电阻 $R \times 1$ 或 $R \times 10$ 档位。

3）如图 2-18 所示，万用表黑表笔搭接到 0# 线上，红表笔搭接到 4# 线上，若阻值为"∞"，说明 KM 线圈断路；若有一定阻值（取决于线圈），说明 KM 线圈正常，进行下一步。

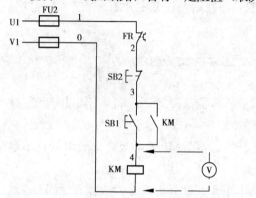

图 2-17　万用表测量 0# 与 4# 线之间的电压　　　　图 2-18　万用表测量线圈电阻

4）如图 2-19 所示，一人按住按钮 SB1 不放，另一人把万用表黑表笔搭接到 0# 线上，红表笔搭接到 3# 线上，若阻值为"∞"，说明 SB1 断路。若有一定阻值（取决于线圈），说明 SB1 正常，进行下一步。

5）如图 2-20 所示，一人按住按钮 SB1 不放，另一人把万用表黑表笔搭接到 0# 线上，红表笔搭接到 2# 线上。若阻值为"∞"，说明 SB2 断路；若有一定阻值（取决于线圈），说明 SB2 正常。问题有可能出现在热继电器 FR 的辅助常闭触头上。可以采用同样方式测量 0# 与 1# 之间的电阻值，进行准确判断。

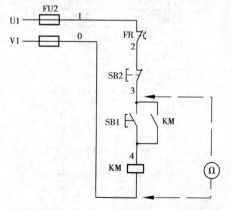 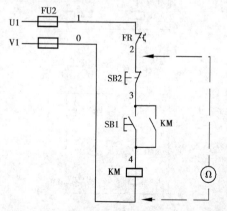

图 2-19　万用表测量 0# 与 3# 线之间的电阻　　　图 2-20　万用表测量 0# 与 2# 线之间的电阻

　　用电阻分段测量方法时，如果为便利或为判断是触头问题还是线路问题，可以直接测量电器元件触头的电阻值。此时测量的电阻值应为"0"，否则说明触头有问题；如果阻值为"0"，说明是线路接触不良或断线。

　　在实际维修中，由于控制线路的故障多种多样，就是同一故障现象，发生的故障部位也不一定一样，因此在检修故障时要灵活运用这几种方法，力求迅速、准确地找出故障点，查明原因，及时处理。

　　还应当注意积累经验、熟悉控制线路的原理，这对准确、迅速判别故障和处理故障都有着很大帮助。故障检修还有其他方法，将在后续任务中介绍。

## 思考与练习

　　1. 在图 2-10 中，如果反转不工作，试分析可能故障原因。若采用电压测量分段法进行测量，怎样判别？

　　2. 在图 2-10 中，若控制电路正常，正转接触器 KM1 通电吸合，而电动机不运转，试分析可能的故障及原因。

　　3. 在图 2-10 中，若正反转控制电路都不工作，试分析可能的故障及原因。

　　4. 试画出正、反转点动控制线路。

　　5. 图 2-21（a～d）是几种正、反转控制电路，试分析各电路能否正常工作。若不能正常工作，请找出原因，并加以改正。

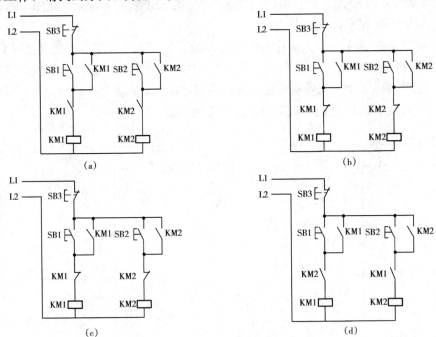

图 2-21　正、反转控制电路图

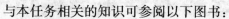

## 知识链接

与本任务相关的知识可参阅以下图书：

1. 《电力拖动控制线路与技能训练》（科学出版社，田建苏等主编）
2. 《电力拖动控制线路与技能训练》（机械工业出版社，董桂桥主编）
3. 《工厂电气控制》（机械工业出版社，愈艳、金国砥主编）

任务 3

# 自动往返控制线路的安装与调试

### 场景描述

1. 在实训室中进行自动往返控制线路的安装与调试。
2. 实训室条件：YL-WX-Ⅱ型实训台或工作台（见下图）、必要的元器件、导线、开关板、常用工具及多媒体课件等。

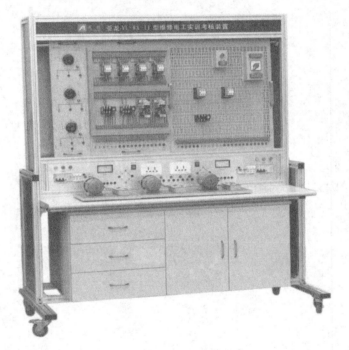

### 任务目标

1. 识读自动往返控制线路工作原理。
2. 会选用元件和导线。
3. 根据线路图安装自动往返正转控制线路。
4. 认识并了解行程开关。
5. 正确调试自动往返控制线路。
6. 对线路出现的故障能正确、快速地排除。

## 工作任务

　　在生产过程中，一些自动或半自动的生产机械要求运动部件的行程或位置受到限制，或者在一定范围内自动往返循环工作，以方便对工件进行连续加工，提高生产效率。如图 2-22 所示是自动往返运动示意图，图 2-23 是自动往返控制线路图。

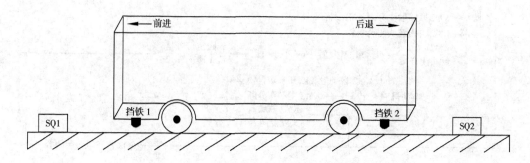

图 2-22　自动往返运动示意图

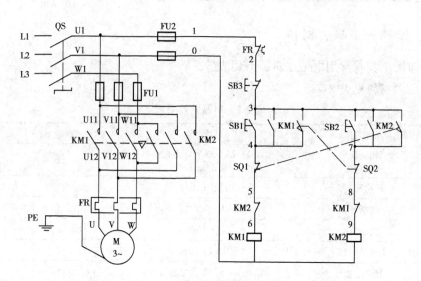

图 2-23　自动往返控制线路图

　　原理分析：首先合上电源开关 QS。（原理流程见下页。）

　　停止时，按下停止按钮 SB3 即可实现。

　　SB1 和 SB2 分别作为正转启动和反转启动，若启动时要工作台后退，应按下 SB2 进行启动。

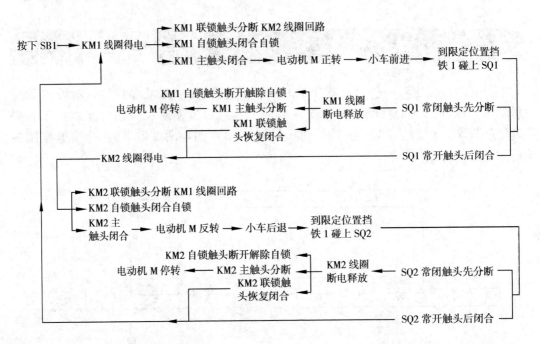

## ■ 实践操作

### 一、所需的工具、材料

1）所需工具有常用电工工具、万用表等。

2）所需材料见表2-5。

表2-5　电器元件明细

| 图上代号 | 元件名称 | 型号规格 | 数　量 | 备　注 |
|---|---|---|---|---|
| M | 三相交流异步电动机 | Y-112M-4/4kW，△接法，380V，8.8A，1440r/min | 1 | |
| QS | 转换开关 | HZ10-25/3 | 1 | |
| FU1 | 熔断器 | RL1-60/25A | 3 | |
| FU2 | 熔断器 | RL1-15/2A | 2 | |
| KM1，KM2 | 交流接触器 | CJ10-10，380V | 2 | |
| FR | 热继电器 | JR36-20/3，整定电流8.8A | 1 | |
| SB1 | 正转按钮 | | | 绿色 |
| SB2 | 反转按钮 | LA10-3H | 1 | 黑色 |
| SB3 | 停止按钮 | | | 红色 |
| SQ1，SQ2 | 行程开关 | JLXK1-111 | 2 | |
| | 接线端子 | JX2-Y010 | 2 | |
| | 导线 | BVR-1.5mm², 1mm² | 若干 | |

| 图上代号 | 元件名称 | 型号规格 | 数量 | 备注 |
|---|---|---|---|---|
| | 冷压接头 | 1.5mm², 1mm² | 若干 | |
| | 塑料线槽 | 40mm×40mm | 5m | |
| | 缠绕管 | φ8mm | 1m | |
| | 异型管 | 1.5mm² | 若干 | |
| | 油记笔 | 黑（红）色 | 1 | |
| | 开关板 | 800mm×600mm×30mm | 1 | |

## 二、电路安装

1）根据表2-5配齐所用电器元件，并检查元件质量。

2）根据图2-23画出元件布置图，如图2-24所示。

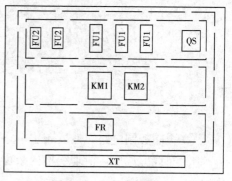

图2-24 元件布置图

3）根据元件布置图安装元件，安装线槽。各元件的安装位置整齐、匀称、间距合理，元件的接线端子与线槽直线距离30mm，便于元件的更换和接线，安装好的元件和线槽如图2-25所示。

图2-25 安装元件和线槽

4）布线。布线时以接触器为中心，由里向外、由低至高，先电源电路、再控制电路、后主电路进行，以不妨碍后续布线为原则。同时，布线应层次分明，不得交叉。

① 先布电源电路，如图 2-26 所示。

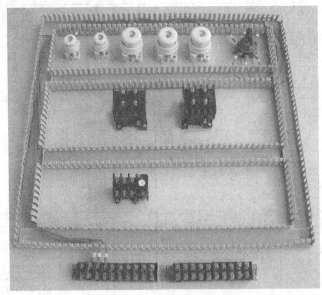

图 2-26　布电源电路

② 再布控制电路，然后布主电路。

③ 布线完成后，清理线槽内杂物并梳理好导线，如图 2-27 所示。

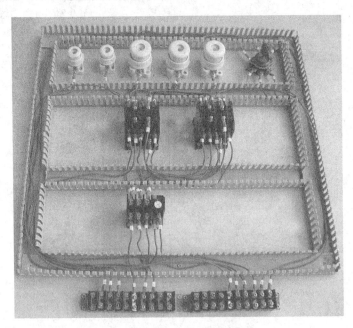

图 2-27　布线完成的控制板

④ 盖好线槽盖板，整理线槽外部线路，保持导线的高度一致性，如图 2-28 所示。

图 2-28 整理盖板完成后的控制板

⑤ 安装按钮、行程开关并与控制板连接（在实际生产设备中，按钮、行程开关安装在机械设备上），如图 2-29 所示。

图 2-29 安装完成的控制板

5）整定热继电器。

6）连接电动机和按钮金属外壳的保护接地线。

7）连接电动机和电源。

8）检查。通电前，应认真检查有无错接、漏接造成不能正常运转或短路事故的现象。

9）通电试车。试车时注意观察接触器情况。观察电动机运转是否正常，若有异常现象应马上停车。

10）试车完毕，应遵循停转、切断电源、拆除三相电源线、拆除电动机线的顺序。

## ■ 巩固训练

### 一、任务要求

1）识读图 2-23 所示控制线路的工作原理。

2）按表 2-5 配齐所有元件，并进行质量检查，将检查情况记入表 2-6 中。

表 2-6　元器件清单

| 元件名称 | 型号规格 | 数　量 | 是否适用 |
|---|---|---|---|
| 转换开关 | | | |
| 熔断器 | | | |
| 交流接触器 | | | |
| 热继电器 | | | |
| 按钮 | | | |

3）在规定时间内独立完成图 2-23 所示控制线路的安装，并根据工艺要求进行调试。

4）检修调试过程中出现的故障。

### 二、注意事项

1）注意接触器 KM1、KM2 联锁的接线务必正确，否则会造成主电路中两相电源短路。

2）注意接触器 KM1、KM2 换相正确，否则会造成电动机不能反转。

3）螺旋式熔断器的接线务必正确，以确保安全。

4）行程开关安装后，应检查手动动作是否灵活。

5）通电试车时，搬动行程开关 SQ1，接触器 KM1 不断电释放，可能是 SQ1 和 SQ2 接反；如果搬动行程开关 SQ1，接触器 KM1 断电释放，KM2 闭合，电动机不反转，且继续正转，可能是 KM2 的主触头接线错误，两种情况都应断电纠正后再试。

6）编码套管要正确。

7）线槽盖板应成 90°对接，控制板外配线必须加以防护，以确保安全。

8）电动机及按钮金属外壳必须保护接地。

9）通电试车、调试及检修时，必须在指导教师的监视和允许下进行。

10）要做到安全操作和文明生产。

### 三、额定工时

额定工时为 120min。

### 四、评分

评分细则见评分表。

**学习检测**

#### "自动往返控制线路的安装"技能自我评分表

| 项　目 | 技术要求 | 配　分 | 评分细则 | 评分记录 |
|---|---|---|---|---|
| 安装前检查 | 正确无误检查所需元件 | 5 | 电器元件漏检或错检，每个扣 1 分 | |
| 安装元件 | 按布置图合理安装元件 | 15 | 不按布置图安装，扣 3 分<br>元件安装不牢固，每个扣 0.5 分<br>元件安装不整齐、不合理，扣 2 分<br>损坏元件，扣 10 分 | |
| 布线 | 按控制接线图正确接线 | 40 | 不按控制线路图接线，扣 10 分<br>线槽内导线交叉超过 3 处，扣 3 分<br>线槽对接不成 90°，每处扣 1 分<br>接点松动，露铜过长，反圈、压绝缘层，标记线号不清楚、遗漏或误标，每处扣 0.5 分<br>损伤导线，每处扣 0.5 分 | |
| 通电试车 | 正确整定元件，检查无误，通电试车一次成功 | 40 | 热继电器未整定或错误，扣 5 分<br>熔体选择错误，每组扣 10 分<br>试车不成功，每返工一次扣 5 分 | |
| 定额工时 120min | 超时，此项从总分中扣分 | | 每超过 5min，从总分中倒扣 3 分，但不超过 10 分 | |
| 安全、文明生产 | 按照安全、文明生产要求 | | 违反安全、文明生产，从总分中倒扣 5 分 | |

**知识探究**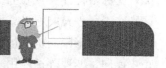

### 一、线槽布线

在前面任务中学习的板前布线（明敷），为达到节约成本的目的，只能适用于元件少的机床控制线路。根据《机床电气设备通用技术条件》（GB 5226－1985）的要求，机床电气控制线路要采用线槽布线的方式，线槽布线具有明敷和暗敷（板后）的特点，从本任务开始学习线槽布线，现介绍线槽布线的基本要求。

1）线槽应平整、无扭曲变形，其内壁应光滑、无毛刺。

2）线槽的连接应连续无间断，每节线槽的固定点不应少于两个。在转角、分支处和端部均应有固定点，并紧贴板面固定。

3）线槽接口应平直、严密，槽盖应齐全、平整、无翘角，固定线槽的螺钉紧固后其端部应与线槽内表面光滑相接。

4）线槽敷设应平直、整齐，排列整齐、匀称，安装牢固、便于走线。

5）电器元件的接线端子与线槽直线距离30mm。

6）线槽内包括绝缘层在内的所有导线截面面积之和不应大于线槽截面面积的70%。

7）线槽内导线的最小截面面积应为 $1.0mm^2$，对于低电平的电子电路允许采用截面面积小于 $1.0mm^2$ 的导线（但不得小于制造厂对安装导线截面的要求）。

8）布线应横平竖直、分布均匀，变换方向时应垂直。

9）各电器元件接线端子引出导线的走向以元件的水平中心线为界限，在水平中心线上方的接线端子引出线必须进入元件上面的线槽，在水平中心线下方的接线端子引出线必须进入元件下面的线槽，任何导线不得从水平方向进入线槽内。

10）敷设在线槽内的导线应梳理清楚、错落有致，绝对不允许交叉。

11）敷设在线槽内的导线应留有一点余量。

12）导线的两端应套上号码管。

13）所有导线中间不得有接头。

14）接线应排列整齐、清晰、美观，导线绝缘良好、无损伤。一个接线端子上的导线不得多于两根。

15）外露在线槽外的导线必须用缠绕管保护。

## 二、行程开关

### 1. 行程开关的认识

行程开关是用以反应工作机械行程、发出命令以控制其运动方向和行程大小的开关，又称限位开关或位置开关，属于主令电器的一种。其作用原理与按钮开关相同，区别在于行程开关不是靠手按压而是靠生产机械运动部件的碰压使触头动作。通常行程开关被用来限制机械运动位置或行程，使运动机械按一定的位置或行程实现自动停止、反向、变速等；还用来作为机械运动部件的终端保护，以防止机械部件越位造成损坏。部分行程开关的外形如图 2-30（a～i）所示。

（a）LX2-131　　　　（b）LX2-222　　　　（c）LX10

（d）LXK3　　　　　（e）X2-N　　　　　（f）LX36-8

（g）LX1-11K　　　　（h）JLXK1-311　　　　（i）LX-29

图 2-30　部分行程开关的外形

**2. 行程开关型号含义**

行程开关型号中各部分的含义如下：

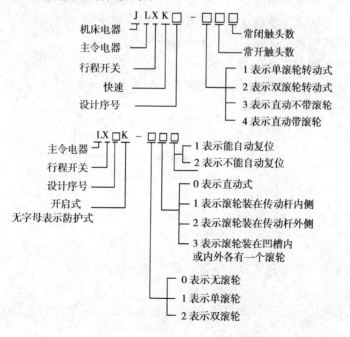

### 3. 结构及工作原理

#### (1) 结构

行程开关的基本结构大体相同，都是由触头系统、操作机构和外壳构成的，但不同型号结构件有所区别。图 2-31（a，b）所示是 JLXK1-111 型行程开关的结构和工作原理。

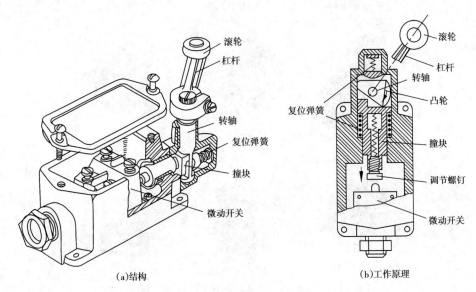

(a)结构　　　　　　　　　　　　(b)工作原理

图 2-31　JLXK1-111 型行程开关的结构和工作原理

#### (2) 工作原理

行程开关的工作原理如图 2-31（b）所示，当机械运动部件碰压行程开关的滚轮时，杠杆连同转轴一起转动，使凸轮推动撞块。当撞块被压到一定位置时，推动微动开关快速动作，使其常闭触头先断开、常开触头后闭合。

#### (3) 行程开关图形符号与文字符号

行程开关在电路中的图形符号与文字符号如图 2-32（a~c）所示。

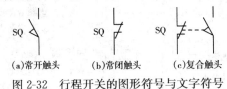

(a)常开触头　　(b)常闭触头　　(c)复合触头

图 2-32　行程开关的图形符号与文字符号

### 4. 选用、安装、使用

#### (1) 选用

行程开关主要依据动作要求、安装位置、触头数目选择。

#### (2) 安装

行程开关安装时，安装位置要准确，安装要牢固；滚轮方向不能装反，挡铁与撞块位置应符合控制线路的要求，并确保能可靠地与挡铁碰撞。

（3）使用

行程开关使用中，要定期检查和保养，除去油垢及粉尘，清理触头，经常检查动作是否灵活、可靠。防止因行程开关接触不良或接线松脱产生误动作而导致人身和设备安全事故。

## ■思考与练习

1. 在图 2-23 中，为防止 SQ1，SQ2 失灵后工作台越位，造成设备事故，还应该在控制线路中设置终端保护，试问终端保护怎样设置？控制线路图怎样改进？

2. 在图 2-23 中有行程开关常开触头，为什么还要设置接触器自锁触头？

3. 在图 2-23 中，如果只要限制位置，不需要自动往返，控制线路怎样改动？

4. 到生产现场观察有哪些位置控制和自动往返控制设备。

5. 自动往返控制线路与正、反转控制线路有什么异同？

6. 解释 LX2-222 的含义。

## ■知识链接

与本任务相关的知识可参阅以下图书：

1.《电力拖动控制线路与技能训练》（科学出版社，田建苏等主编）

2.《电力拖动控制线路与技能训练》（机械工业出版社，董桂桥主编）

3.《工厂电气控制》（机械工业出版社，愈艳、金国砥主编）

任务4

# 顺序控制线路的安装与调试

**场景描述**

1. 在实训室中进行顺序控制线路的安装与调试。
2. 实训室条件：YL-WX-II型实训台或工作台（见下图）、必要的元器件、导线、开关板、常用工具及多媒体课件等。

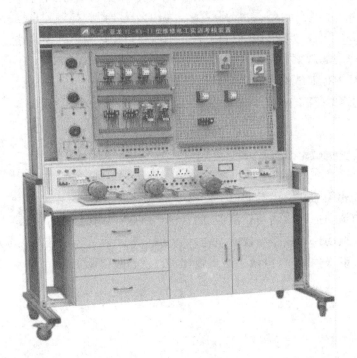

**任务目标**

1. 识读顺序控制线路的工作原理。
2. 会选用元件和导线。
3. 根据线路图安装顺序控制线路。
4. 了解顺序控制的种类。
5. 正确调试顺序控制线路。
6. 对线路出现的故障能正确、快速地排除。

# 工作任务

　　在装有多台电动机的生产机械上，由于各电动机所起的作用不同，有时需要按一定顺序启动或停止某些电动机才能保证整个系统安全可靠地工作。例如，CA6140 车床中，要求主轴电动机启动后冷却泵电动机才能启动，主轴电动机停止时冷却泵电动机也停止；M7130 平面磨床中，要求砂轮电动机启动后冷却泵电动机才能启动，砂轮电动机停止时冷却泵电动机也停止；X62W 万能铣床中，主轴启动后进给电动机才能启动，主轴电动机停止时进给电动机也停止；皮带输送机中，要求前级输送带启动后才能启动后级输送带，停止时要求停止后级输送带后才能停止前级输送带。这种要求几台电动机的启动或停止必须按一定先后顺序来完成的控制方式叫做顺序控制。图 2-33 所示是一种顺序控制线路图。

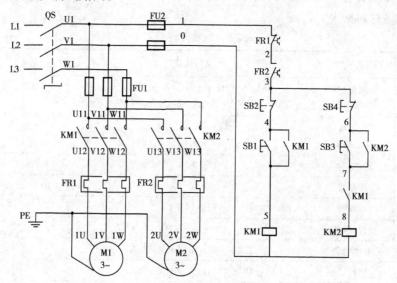

图 2-33　顺序控制线路图

原理分析：首先合上电源开关 QS。

## 1. 启动

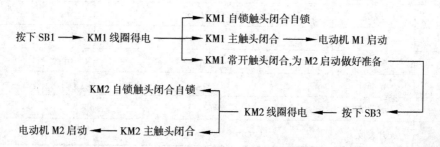

2. 停止

停止时，如果按下停止按钮 SB2，两台电动机同时停止；如果按下 SB4，只停止第二台电动机。

3. 过载

任何一台电动机发生过载现象，两台电动机都会停止。

## 实践操作

### 一、所需的工具、材料

1) 所需工具有常用电工工具、万用表等。

2) 所需材料见表 2-7。

表 2-7　电器元件明细

| 图上代号 | 元件名称 | 型号规格 | 数　量 | 备　注 |
|---|---|---|---|---|
| M1 | 三相交流异步电动机 | Y-112M-4/4kW，△接法，380V，8.8A，1440r/min | 1 | |
| M2 | 三相交流异步电动机 | Y90S-2/1.5kW，Y 接法，380V，3.4A，2845r/min | 1 | |
| QS | 转换开关 | HZ10-25/3 | 1 | |
| FU1 | 熔断器 | RL1-60/25A | 3 | |
| FU2 | 熔断器 | RL1-15/2A | 2 | |
| KM1，KM2 | 交流接触器 | CJ10-10，380V | 2 | |
| FR1 | 热继电器 | JR36-20/3，整定电流 8.8A | 1 | |
| FR1 | 热继电器 | JR36-20/3，整定电流 3.4A | 1 | |
| SB1，SB3 | 启动按钮 | LA10-2H | 2 | 绿色 |
| SB2，SB4 | 停止按钮 | | | 红色 |
| | 接线端子 | JX2-Y010 | 2 | |
| | 导线 | BVR-1.5mm²，1mm² | 若干 | |
| | 线槽 | 40mm×40mm | 5m | |
| | 冷压接头 | 1.5mm²，1mm² | 若干 | |
| | 缠绕管 | $\phi$8mm | 1m | |
| | 异型管 | 1.5mm² | 若干 | |
| | 油记笔 | 黑（红）色 | 1 | |
| | 开关板 | 500mm×400mm×30mm | 1 | |

## 二、电路安装

1）根据表2-7配齐所用电器元件，并检查元件质量。

2）根据图2-33画出元件布置图，如图2-34所示。

3）根据元件布置图安装元件、安装线槽，各元件的安装位置整齐、匀称、间距合理。

4）布线。布线时以接触器为中心，由里向外、由低至高，先电源电路、再控制电路、后主电路进行，以不妨碍后续布线为原则。同时，布线应层次分明，不得交叉。布线完成后的情况如图2-35所示。

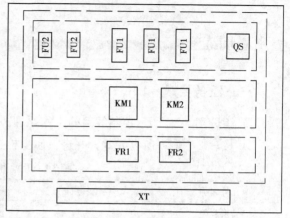

图2-34　元件布置图

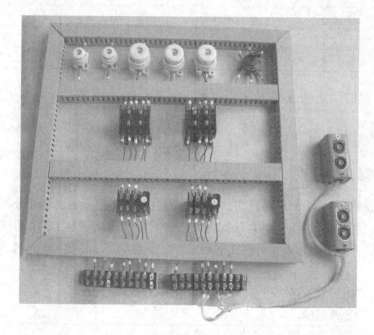

图2-35　布线完成后的控制板

5）整定热继电器。

6）连接电动机和按钮金属外壳的保护接地线。

7）连接电动机和电源。

8）检查。通电前，应认真检查有无错接、漏接造成不能正常运转或短路事故的现象。

9）通电试车。试车时，注意观察接触器情况。观察电动机运转是否正常，若有异常现象应马上停车。

10）试车完毕，应遵循停转、切断电源、拆除三相电源线、拆除电动机线的顺序。

## 巩固训练

### 一、任务要求

1）识读图 2-33 所示控制线路的工作原理。

2）按表 2-7 配齐所有元件，并进行质量检查，将检查情况记入表 2-8 中。

表 2-8  元器件清单

| 元件名称 | 型号规格 | 数　量 | 是否适用 |
| --- | --- | --- | --- |
| 转换开关 | | | |
| 熔断器 | | | |
| 交流接触器 | | | |
| 热继电器 | | | |
| 按钮 | | | |

3）在规定时间内独立完成图 2-33 所示控制线路的安装，并根据工艺要求进行调试。

4）检修调试过程中出现的故障。

### 二、注意事项

1）该控制线路是两个正转启动控制线路的合成，不过是在接触器 KM2 的线圈回路中串接了一个接触器 KM1 的常开触头。接线时，注意接触器 KM1 的自锁触头与常开触头的接线务必正确，否则会造成电动机 M2 不启动，或者电动机 M1 和电动机 M2 同时启动。

2）螺旋式熔断器的接线务必正确，以确保安全。

3）编码套管要正确。

4）控制板外配线必须加以防护，确保安全。

5）电动机及按钮金属外壳必须保护接地。

6）通电试车、调试及检修时，必须在指导教师的监护和允许下进行。

7）要做到安全操作和文明生产。

### 三、额定工时

额定工时为 90min。

## 四、评分

评分细则见评分表。

**学习检测**

### "顺序控制线路的安装"技能自我评分表

| 项　　目 | 技术要求 | 配　　分 | 评分细则 | 评分记录 |
|---|---|---|---|---|
| 安装前检查 | 正确无误检查所需元件 | 5 | 电器元件漏检或错检，每个扣 1 分 | |
| 安装元件 | 按布置图合理安装元件 | 15 | 不按布置图安装，扣 3 分<br>元件安装不牢固，每个扣 0.5 分<br>元件安装不整齐、不合理，扣 2 分<br>损坏元件，扣 10 分 | |
| 布线 | 按控制接线图正确接线 | 40 | 不按控制线路图接线，扣 10 分<br>线槽内导线交叉超过 3 处，扣 3 分<br>线槽对接不成 90°，每处扣 1 分<br>接点松动，露铜过长，反圈，压绝缘线，标记线号不清楚、遗漏或误标，每处扣 0.5 分<br>损伤导线，每处扣 1 分 | |
| 通电试车 | 正确整定元件，检查无误，通电试车一次成功 | 40 | 热继电器未整定或错误，扣 5 分<br>熔体选择错误，每组扣 10 分<br>试车不成功，每返工一次扣 5 分 | |
| 定额工时 90min | 超时，此项从总分中扣分 | | 每超过 5min，从总分中倒扣 3 分，但不超过 15 分 | |
| 安全、文明生产 | 按照安全、文明生产要求 | | 违反安全、文明生产，从总分中倒扣 5 分 | |

**知识探究**

顺序控制线路的形式主要有主电路顺序控制、控制电路顺序控制等形式。

### 一、主电路顺序控制

如图 2-36 所示的主电路顺序控制形式，其特点是电动机 M2 接在控制电动机 M1 的接触器主触头下面。

主电路顺序控制的控制线路多用于一台电动机功率比较小、或机床设备中主机与冷却电动机的顺序控制，如 CA6140 车床中主轴电动机与冷却泵电动机的顺序控制、M7130 平面磨床中砂轮电动机与冷却泵电动机的顺序控制等。

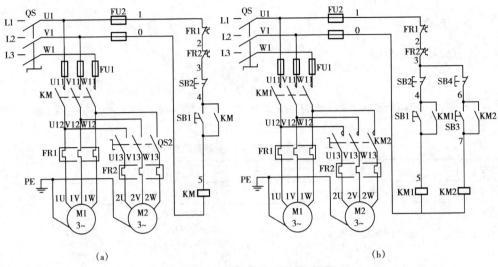

图 2-36　主电路顺序控制线路图

## 二、控制电路顺序控制

控制电路顺序控制的特点是，主电路相互独立，后启动的电动机控制用的接触器线圈回路串联先启动的电动机控制用的接触器辅助常开触头。图 2-33 和图 2-37 所示是几种实现顺序启动的控制线路。

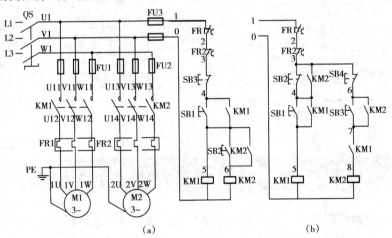

图 2-37　控制电路实现顺序启动控制线路图

图 2-33 的特点：M1 启动后 M2 才能启动，M1 停止则 M2 停止，但是 M2 停止不影响 M。

图 2-37 （a）的特点：M1 启动后 M2 才能启动，M1 停止则 M2 停止。

图 2-37 （b）的特点：主电路同图 2-37 （a），M1 启动后 M2 才能启动，M2 停止后 M1 才能停止。这种电路又叫顺序启动逆序停止控制线路，多用于皮带输送机、润滑系

统的电气控制。

图 2-37 所示控制线路实现顺序控制的原理请读者自行分析。

## 思考与练习

1. 分析图 2-37（b）所示控制线路的工作原理。

2. 如图 2-33 所示，电动机 M1 的额定电流为 14.8A，电动机 M2 的额定电流为 22.3A，试选择电源开关 QS、熔断器 FU1、接触器 KM1 和 KM2 以及热继电器 FR1，FR2 和主导线（铜）。

3. 练习安装图 2-37（b）所示的控制线路。

## 知识链接

与本任务相关的知识可参阅以下图书：

1.《电力拖动控制线路与技能训练》（科学出版社，田建苏等主编）

2.《电力拖动控制线路与技能训练》（机械工业出版社，董桂桥主编）

# 延时启动、延时停止控制线路的安装与调试

任务 5

**场景描述**

1. 在实训室中进行延时启动、延时停止控制线路的安装与调试。
2. 实训室条件：YL-WX-Ⅱ型实训台或工作台（见下图）、必要的元器件、导线、开关板、常用工具及多媒体课件等。

**任务目标**

1. 识读延时启动、延时停止控制线路的工作原理。
2. 根据电动机功率选择元器件。
3. 通电试车的预防和保护措施。
4. 根据线路图安装启动、延时停止控制线路。
5. 正确调试延时启动、延时停止控制线路。
6. 对线路出现的故障能正确、快速地排除。

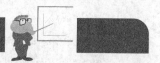

## 工作任务

在某些设备中有时需要特殊控制，如延时启动、延时停止控制，螺杆式空气压缩机就需要这种控制方式，以保证设备的可靠启动和停止。

在继电器-接触器的控制（又称继电控制）中，需要利用时间继电器来实现延时控制。本任务的目的就是学习和安装延时启动、延时停止控制线路。

### 一、工艺要求

1）按下启动按钮后，经过 2s 后电动机自动启动。

2）按下停止按钮后，经过 3s 后电动机自动停止。

3）具有必要的保护。

根据工艺要求，延时启动，延时停止控制线路如图 2-38 所示。

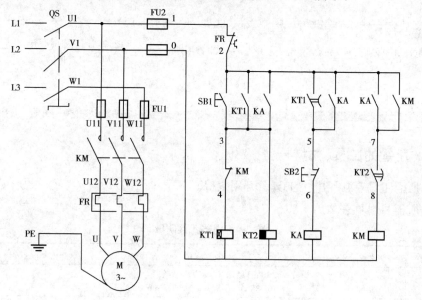

图 2-38　延时启动、延时停止控制线路图

### 二、原理分析

首先合上电源开关 QS。

### 1. 启动

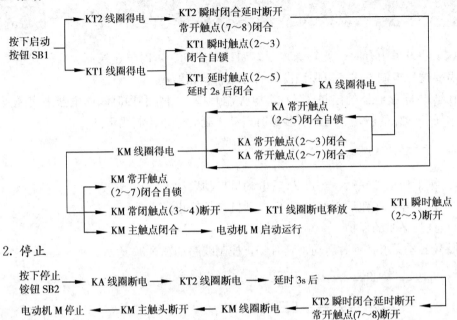

### 2. 停止

---

## ■ 实践操作

### 一、所需的工具、材料

1）所需工具有常用电工工具、万用表等。

2）所需材料见表 2-9。

**表 2-9　电器元件明细**

| 图上代号 | 元件名称 | 型号规格 | 数　　量 | 备　　注 |
|---|---|---|---|---|
| M | 三相交流异步电动机 | Y-112M-4/4kW，△接法，380V，8.8A，1440r/min | 1 | |
| QS | 转换开关 | HZ10-25/3 | 1 | |
| FU1 | 熔断器 | RL1-60/25A | 3 | |
| FU2 | 熔断器 | RL1-15/2A | 3 | |
| KM | 交流接触器 | CJ10-10，380V | 1 | |
| FR | 热继电器 | JR36-20/3，整定电流8.8A | 1 | |
| KT1 | 时间继电器 | JS7-2A，380V | 1 | |
| KT2 | 时间继电器 | JS7-4A，380V | 1 | |
| KA | 中间继电器 | JZ7-4A，380V | 1 | |
| SB1 | 启动按钮 | LA10-2H | 1 | 绿色 |
| SB2 | 停止按钮 | | | 红色 |

| 图上代号 | 元件名称 | 型号规格 | 数 量 | 备 注 |
|---|---|---|---|---|
| | 接线端子 | JX2-Y010 | 2 | |
| | 导线 | BVR-1.5mm², 1mm² | 若干 | |
| | 线槽 | 40mm×40mm | 5m | |
| | 冷压接头 | 1.5mm², 1mm² | 若干 | |
| | 异型管 | 1.5mm² | 若干 | |
| | 开关板 | 木制，500mm×400mm | 1 | |

## 二、电路安装

1) 根据表2-9配齐所用电器元件，并检查元件质量。

2) 根据图2-38，画出元件布置图，如图2-39所示。

3) 根据元件布置图安装元件、安装线槽，各元件的安装位置应整齐、匀称、间距合理。

4) 布线。布线时以接触器为中心，由里向外、由低至高，先电源电路、再控制电路、后主电路进行，以不妨碍后续布线为原则。同时，布线应层次分明，不得交叉。布线完成后的情况如图2-40所示。

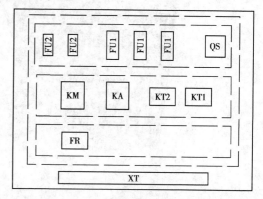

图2-39 元件布置图

图2-40 布线完成后的控制板

5）连接电动机和按钮金属外壳的保护接地线。

6）连接电动机、电源等控制板外部的导线。

7）整定时间。分别整定时间继电器 KT1，KT2 至要求的时间。整定方法如下：

如图 2-41 所示，将万用表旋到 $R \times 1$ 档位，将红、黑表笔分别搭接在延时触点常开（或常闭）。然后用手使时间继电器的衔铁与铁芯接触，计时观察万用表指针是否在要求时间摆动（或退回）。

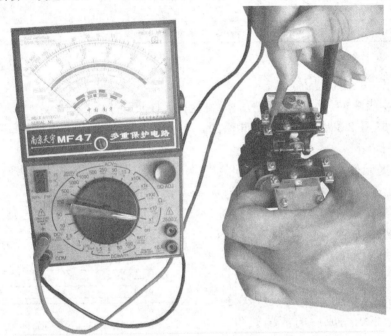

图 2-41　整定时间

图 2-42　时间调整方法

注意：在使衔铁与铁芯接触时，手不要触及活塞杆，以免引起不延时动作。

如果时间超过要求时间，万用表指针没有摆动（或退回），应减少时间；反之，如果时间没有到要求时间，万用表指针摆动（或退回），应增长时间。按图 2-42 所示方向调节调节螺钉，以减少或增长时间。

8）过载保护值整定。根据电动机功率调整热继电器整定值，使热继电器的整定值等于 0.95～1.05 倍的电动机额定电流。

9）检查。通电前，应认真检查有无错接、漏接造成不能正常运转或短路事故的现象。

10）通电试车。通电试车时，注意观察接触器、继电器运行情况。观察电动机运转是否正常，若有异常现象应马上停车。

11）试车完毕，应遵循停转、切断电源、拆除三相电源线、拆除电动机线的顺序。

## ■巩固训练

### 一、任务要求

1）识读图 2-38 所示控制线路的工作原理。

2）按表 2-9 配齐所有元件，并进行质量检查，将检查情况记入表 2-10 中。

表 2-10　元器件清单

| 元件名称 | 型号规格 | 数　量 | 是否适用 |
|---|---|---|---|
| 转换开关 | | | |
| 熔断器 | | | |
| 交流接触器 | | | |
| 热继电器 | | | |
| 时间继电器 | | | |
| 中间继电器 | | | |

3）在规定时间内独立完成图 2-38 所示控制线路的安装，并根据工艺要求进行调试。

4）检修调试过程中出现的故障。

### 二、注意事项

1）螺旋式熔断器的接线务必正确，以确保安全。

2）电动机及按钮金属外壳必须保护接地。

3）热继电器的整定电流应按电动机功率确定。

4）时间继电器接线时，用手指抬住接线部分，并且不要用力过度，以免损坏器件。

5）通电试车、调试及检修时，必须在指导教师的监护和允许下进行。

6）要做到安全操作和文明生产。

### 三、额定工时

额定工时为 120min。

## 四、评分

评分细则见评分表。

**学习检测**

"延时启动、延时停止控制线路的安装"技能自我评分表

| 项　目 | 技术要求 | 配　分 | 评分细则 | 评分记录 |
|---|---|---|---|---|
| 安装前检查 | 正确无误检查所需元件 | 5 | 电器元件漏检或错检，每个扣1分 | |
| 安装元件 | 按布置图合理安装元件 | 15 | 不按布置图安装，扣3分<br>元件安装不牢固，每个扣0.5分<br>元件安装不整齐、不合理，扣2分<br>损坏元件，每个扣10分 | |
| 布线 | 按控制接线图正确接线 | 40 | 不按控制线路图接线，扣10分<br>线槽内导线交叉超过3处，扣3分<br>线槽对接处不成90°，每处扣1分<br>接点松动，露铜过长，反圈、压绝缘层，标记线号不清楚、遗漏或误标，每处扣0.5分<br>损伤导线，每处扣1分 | |
| 通电试车 | 正确整定元件，检查无误，通电试车一次成功 | 40 | 热继电器未整定或错误，扣5分<br>时间未整定或错误，每个扣5分<br>熔体选择错误，每组扣5分<br>试车不成功，每返工一次扣5分 | |
| 定额工时120min | 超时，此项从总分中扣分 | | 每超过5min，从总分中倒扣3分，但不超过10分 | |
| 安全、文明生产 | 按照安全、文明生产要求 | | 违反安全、文明生产，从总分中倒扣5分 | |

**知识探究**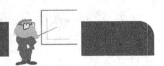

## 一、中间继电器的认识

中间继电器是用来增加控制电路中的信号数量或将信号放大的继电器。其输入信号是线圈的通电和断电，输出信号是触头的动作，由于触头的数量较多，可以用来控制多个元件或回路。部分中间继电器的外形如图2-43（a）所示。

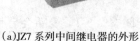
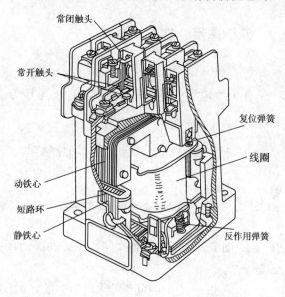

(a)JZ7 系列中间继电器的外形　　　　(b)JZ7 系列中间继电器的结构

图 2-43　部分中间继电器的外形和结构

## 二、型号含义

中间继电器的型号中各部分的含义如下：

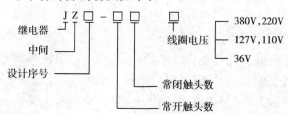

## 三、结构及工作原理

中间继电器的结构及工作原理与接触器基本相同，但中间继电器的触头对数多，没有主辅之分，各对触头允许通过的电流都为 5A。所以，对于工作电流小于 5A 的电气控制线路，可用中间继电器代替接触器。部分中间继电器的结构如图 2-43（b）所示。中间继电器的图形符号与文字符号如图 2-44 所示。

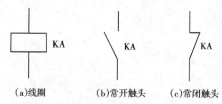

(a)线圈　　　　(b)常开触头　　　　(c)常闭触头

图 2-44　中间继电器的图形符号与文字符号

## 四、选用、安装、使用

**1. 选用**

中间继电器主要依据被控制电路的电压等级、触头数目、触头种类及容量来选择。

**2. 安装、使用**

中间继电器的安装、使用与接触器类似。

## 思考与练习

1. 图 2-38 中的时间继电器 KT2 的瞬时闭合延时断开的常开触头能断开会出现什么现象？

2. 图 2-38 中的时间继电器 KT1 的延时闭合触头不能闭合，KT1 线圈会自锁吗？为什么？

3. 将图 2-38 延时启动、延时停止的控制线路改成延时启动、瞬时停止的控制线路。

## 知识链接

与本任务相关的知识可参阅以下图书：

1.《电力拖动控制线路与技能训练》（科学出版社，田建苏等主编）

2.《电力拖动控制线路与技能训练》（机械工业出版社，董桂桥主编）

3.《工厂电气控制》（机械工业出版社，愈艳、金国砥主编）

# 三相异步电动机定子绕组串联电阻降压启动控制线路的安装与调试

## 场景描述

1. 在实训室中进行三相异步电动机定子绕组串联电阻降压启动控制线路的安装与调试。
2. 实训室条件：YL-WX-Ⅱ型实训台或工作台（见下图）、必要的元器件、导线、开关板、常用工具及多媒体课件等。

## 任务目标

1. 识读三相异步电动机定子绕组串联电阻降压启动控制线路的工作原理。
2. 了解降压启动的条件。
3. 了解启动电阻的选择。
4. 根据电动机功率选择元器件。
5. 通电试车的预防和保护措施。
6. 根据线路图安装三相异步电动机定子绕组串联电阻降压启动控制线路。
7. 正确调试三相异步电动机定子绕组串联电阻降压启动控制线路。
8. 对线路出现的故障能正确、快速地排除。

# 工作任务

定子绕组串联电阻降压启动是指在三相异步电动机启动时，把电阻串联在电动机定子绕组与电源之间，当电动机启动后再将电阻短接，使电动机在额定电压下正常运行。其控制方式有手动控制、按钮与接触器控制、时间继电器自动控制等，在机床设备中一般采用时间继电器自动控制的方式，其控制线路如图 2-45 所示。

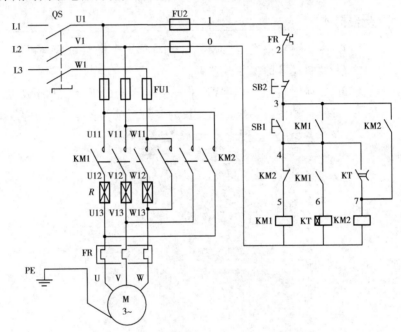

图 2-45 定子绕组串联电阻降压启动控制线路图

原理分析：首先合上电源开关 QS。

## 1. 启动

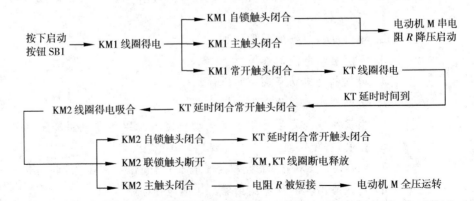

2. 停止

停止时，按下停止按钮 SB2 即可。

## 实践操作

### 一、所需的工具、材料

1）所需工具有常用电工工具、万用表等。

2）所需材料见表 2-11。

表 2-11 电器元件明细

| 图上代号 | 元件名称 | 型号规格 | 数 量 | 备 注 |
|---|---|---|---|---|
| M | 三相交流异步电动机 | Y-112M-4/4kW，△接法，380V，8.8A，1440r/min | 1 | |
| QS | 转换开关 | HZ10-25/3 | 1 | |
| FU1 | 熔断器 | RL1-60/25A | 3 | |
| FU2 | 熔断器 | RL1-15/2A | 3 | |
| KM1 KM2 | 交流接触器 | CJ10-10，380V | 2 | |
| FR | 热继电器 | JR36-20/3，整定电流 8.8A | 1 | |
| KT | 时间继电器 | JS7-2A，380V | 1 | |
| R | 电阻器 | ZX2-2/0.7Ω，7Ω | 3 | |
| SB1 | 启动按钮 | LA10-2H | 1 | 绿色 |
| SB2 | 停止按钮 | | | 红色 |
| | 接线端子 | JX2-Y010 | 2 | |
| | 导线 | BVR-1.5mm²，1mm² | 若干 | |
| | 线槽 | 40mm×40mm | 5m | |
| | 冷压接头 | 1.5mm²，1mm² | 若干 | |
| | 异型管 | 1.5mm² | 若干 | |
| | 油记笔 | 黑（红）色 | 1 | |
| | 开关板 | 木制，500mm×400mm | 1 | |

### 二、电路安装

1）根据表 2-11 配齐所用电器元件，并检查元件质量。

2）根据图 2-45 画出元件布置图，如图 2-46 所示。

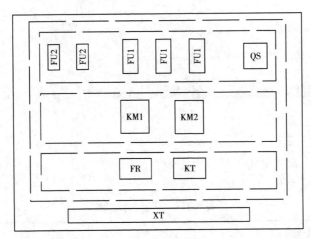

图 2-46　元件布置图

3）根据元件布置图安装元件、安装线槽，各元件的安装位置整齐、匀称、间距合理。

4）布线。布线时以接触器为中心，由里向外、由低至高，先电源电路、再控制电路、后主电路进行，以不妨碍后续布线为原则。同时，布线应层次分明，不得交叉。布线完成后的情况如图 2-47 所示。

图 2-47　布线完成后的控制板

5）连接电动机和按钮金属外壳的保护接地线。

6）连接启动电阻 $R$，接线如图 2-48 所示。

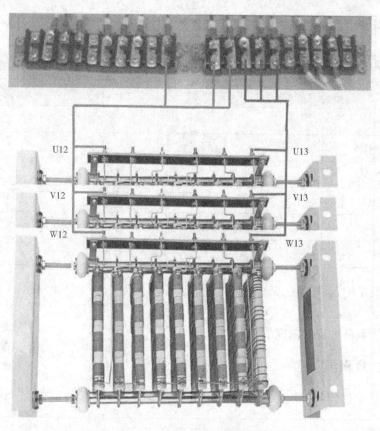

图 2-48　启动电阻接线图

注意：因电阻器为敞开式，通电试车时应有遮拦防护措施，以免发生触电事故。

7）连接电动机、电源等控制板外部的导线。

8）整定时间。

9）整定热继电器。

10）检查。通电前，应认真检查有无错接、漏接造成不能正常运转或短路事故的现象。

11）通电试车。通电试车时，注意观察接触器、继电器运行情况。观察电动机运转是否正常，若有异常现象应马上停车。

12）试车完毕，应遵循停转、切断电源、拆除三相电源线、拆除电动机线的顺序。

## ▌巩固训练

### 一、任务要求

1）识读图 2-45 所示控制线路的工作原理。

2）按表 2-11 配齐所有元件，并进行质量检查，将检查情况记入表 2-12 中。

**表 2-12　元器件清单**

| 元件名称 | 型号规格 | 数　　量 | 是否适用 |
|---|---|---|---|
| 转换开关 | | | |
| 熔断器 | | | |
| 交流接触器 | | | |
| 热继电器 | | | |
| 时间继电器 | | | |
| 电阻器 | | | |
| 按钮 | | | |

3）在规定时间内独立完成图 2-45 所示控制线路的安装，并根据工艺要求进行调试。

4）检修调试过程中出现的故障。

## 二、注意事项

1）注意接触器 KM1、KM2 的接线，防止启动时没有串联电阻而运行时串接电阻。

2）注意接触器 KM1、KM2 的相序对应，否则会由于相序接反而造成电动机反转。

3）螺旋式熔断器的接线务必正确，以确保安全。

4）电动机及按钮金属外壳必须保护接地。

5）热继电器的整定电流应按电动机功率进行整定。

6）时间继电器接线时，用手指抬住接线部分，并且不要用力过度，以免损坏器件。

7）务必注意电阻器的防范措施，配线必须加以防护，确保安全。教师加强监护，以免发生触电事故。

8）通电试车、调试及检修时，必须在指导教师的监护和允许下进行。

9）要做到安全操作和文明生产。

## 三、额定工时

额定工时为 120min。

## 四、评分

评分细则见评分表。

## 学习检测

**"三相异步电动机定子绕组串联电阻降压启动控制线路的安装"技能自我评分表**

| 项　　目 | 技术要求 | 配　　分 | 评分细则 | 评分记录 |
|---|---|---|---|---|
| 安装前检查 | 正确无误检查所需元件 | 5 | 电器元件漏检或错检，每个扣1分 | |
| 安装元件 | 按布置图合理安装元件 | 15 | 不按布置图安装，扣3分<br>元件安装不牢固，每个扣0.5分<br>元件安装不整齐、不合理，扣2分<br>损坏元件，每个扣10分 | |
| 布线 | 按控制接线图正确接线 | 40 | 不按控制线路图接线，扣10分<br>线槽内导线交叉超过3处，扣3分<br>线槽对接处不成90°，每处扣1分<br>接点松动，露铜过长，反圈、压绝缘层，标记线号不清楚、遗漏或误标，每处扣0.5分<br>损伤导线，每处扣1分 | |
| 通电试车 | 正确整定元件，检查无误，通电试车一次成功 | 40 | 热继电器未整定或错误，扣5分 | |
| | | | 时间未整定或错误，每个扣5分 | |
| | | | 熔体选择错误，每组扣5分 | |
| | | | 试车不成功，每返工一次扣5分 | |
| 定额工时120min | 超时，此项从总分中扣分 | | 每超过5min，从总分中倒扣3分，但不超过10分 | |
| 安全、文明生产 | 按照安全、文明生产要求 | | 违反安全、文明生产，从总分中倒扣5分 | |

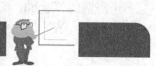

## 知识探究

### 一、降压启动

　　我们在生产车间会看到设备启动时照明灯忽然暗下来的现象，这是由于拖动设备的三相交流异步电动机启动时导致电源变压器输出电压下降而造成的。

　　三相交流异步电动机启动电流一般为额定电流的4～7倍，在电源变压器容量不够大而电动机功率较大的情况下，直接启动该电动机导致电源变压器输出电压下降，这不仅减小了电动机本身的启动转矩，而且还会影响同一供电线路中其他电气设备的正常工作。因此，较大容量的电动机需要采用降压启动。

　　降压启动是指利用启动设备将电压降低后加到电动机定子绕组上进行启动，等电动机启动运转后再将电压恢复到额定值正常运转。由于电流随电压的降低而减小，所以降压启动达到了减小启动电流的目的。

判断是否采用降压启动有两种方式：

1）电源变压器容量在 180kVA 以下，而电动机功率在 7.5kW 以上的要采用降压启动。

2）如果不满足下面经验公式，也应采用降压启动，即

$$\frac{I_{st}}{I_N} \leqslant \frac{3}{4} + \frac{S}{4P}$$

式中，$I_{st}$——电动机全压启动电流，A；

$\quad\quad I_N$——电动机额定电流，A；

$\quad\quad S$——电源变压器容量，kVA；

$\quad\quad P$——电动机功率，kW。

降压启动的方法有定子绕组串接电阻降压启动、自耦变压器降压启动、Y-△降压启动、延边△降压启动四种。

定子绕组串接电阻降压启动时，在电阻上功率消耗比较大，如果启动频繁，电阻温度很高，所以这种方式的应用在逐步减少。

自耦变压器降压启动由于设备庞大、成本较高，这种方式应用比较少。

延边△降压启动需要电动机定子绕组有 9 个出线端，受到电动机定子绕组局限，因此其应用比较少。

Y-△降压启动设备成本低、易于控制，因此其应用比较广泛。

## 二、电阻器

在定子绕组串接电阻降压启动控制线路中，启动电阻一般采用 ZX 系列电阻器。它是由电阻值比较小的单片电阻组合而成的，有多个抽头以满足不同的电阻值需要。ZX 系列电阻器的外形如图 2-48 所示，其型号含义如下：

（1）电阻值的确定

启动电阻一般采用下列公式计算确定，即

$$R = 190 \times \frac{I_{st} - I'_{st}}{I_{st} I'_{st}}$$

式中，$I_{st}$——电动机全压启动电流（A），取额定电流的 4～7 倍；

$\quad\quad I'_{st}$——串电阻的启动电流（A），取额定电流的 2～3 倍；

$\quad\quad R$——电动机每相串接的启动电阻值，Ω。

（2）功率的确定

$$P(\text{W}) = \frac{1}{3} I_N^2 R$$

例如：本任务的电动机数据，功率为 4kW，电压为 380V，额定电流为 8.8A，确定各相启动电阻。

解：

$$I_{st}=6I_N=6\times8.8=52.8A$$

$$I'_{st}=2I_N=2\times8.8=17.6A$$

阻值

$$R=190\times\frac{I_{st}-I'_{st}}{I_{st}I'_{st}}=190\times\frac{52.8-17.6}{52.8\times17.6}\approx7.2\Omega$$

功率

$$P=\frac{1}{3}I_N^2R=\frac{1}{3}\times8.8^2\times7.2\approx186W$$

本任务的启动电阻应选择功率为 186W、阻值为 7Ω 的电阻。

## 思考与练习

1. 图 2-49 能否正常实现串联电阻降压启动？若不能，请说明原因并改正。

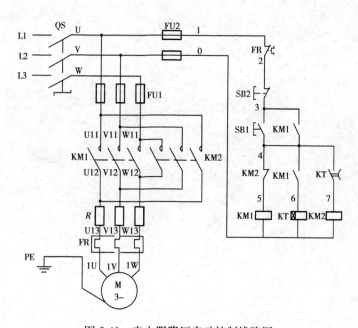

图 2-49　串电阻降压启动控制线路图

2. 某台三相异步电动机功率为 22kW，电压为 380V，额定电流为 44.3A，问各相应串多大的启动电阻进行降压启动。

3. 某台设备由一台功率为 40kW、额定电流为 83A 的电动机拖动，由一台 500 kVA 的变压器供电，问能否全压启动？为什么？

**知识链接**

与本任务相关的知识可参阅以下图书：

1. 《电力拖动控制线路与技能训练》（科学出版社，田建苏等主编）

2. 《电力拖动控制线路与技能训练》（机械工业出版社，董桂桥主编）

3. 《工厂电气控制》（机械工业出版社，愈艳、金国砥主编）

# Y-△降压启动控制线路的安装与调试

## 场景描述

1. 在实训室中进行三相异步电动机 Y-△降压启动控制线路的安装与调试。

2. 实训室条件：YL-WX-Ⅱ型实训台或工作台（见下图）、必要的元器件、导线、开关板、常用工具及多媒体课件等。

## 任务目标

1. 识读三相异步电动机 Y-△降压启动控制线路的工作原理。

2. 了解 Y-△降压原理。

3. 了解钳形电流表的使用。

4. 根据电动机功率选择元器件。

5. 通电试车的预防和保护措施。

6. 根据线路图安装 Y-△降压启动控制线路。

7. 正确调试 Y-△降压启动控制线路。

8. 对线路出现的故障能正确、快速地排除。

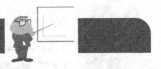

## 工作任务

Y-△降压启动是指在三相异步电动机启动时,把定子绕组接成 Y 形,以降低电压、限制启动电流;当电动机启动后,再将定子绕组改接成△形,使电动机在额定电压下正常运行。Y-△降压启动的控制方式有手动控制、按钮与接触器控制、时间继电器自动控制等,在机床设备中采用的是时间继电器自动控制的方式,其控制线路如图 2-50 所示。

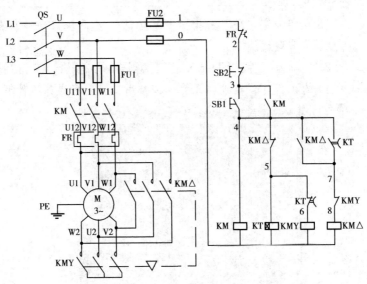

图 2-50　Y-△降压启动控制线路图

原理分析:首先合上电源开关 QS。

### 1. 启动

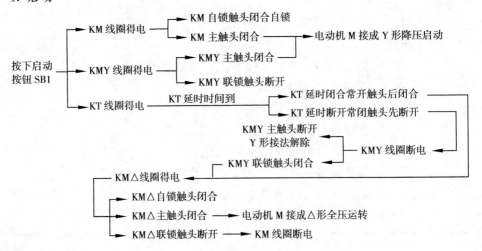

2. 停止

停止时，按下停止按钮 SB2 即可。

## 实践操作

### 一、所需的工具、材料

1）所需工具有常用电工工具、万用表、钳形电流表等。

2）所需材料见表 2-13。

表 2-13　电器元件明细

| 图上代号 | 元件名称 | 型号规格 | 数　量 | 备　注 |
|---|---|---|---|---|
| M | 三相交流异步电动机 | Y-132M-4/7.5kW，△接法，380V，15.4A，1440r/min | 1 | |
| QS | 转换开关 | HZ10-25/3 | 1 | |
| FU1 | 熔断器 | RL1-60/35A | 3 | |
| FU2 | 熔断器 | RL1-15/2A | 3 | |
| KM KMY KM△ | 交流接触器 | CJ10-20，380V | 3 | |
| FR | 热继电器 | JR36-20/3，整定电流 15.4A | 1 | |
| KT | 时间继电器 | JS7-2A，380 | 1 | |
| SB1 | 启动按钮 | LA10-2H | 1 | 绿色 |
| SB2 | 停止按钮 | | | 红色 |
| | 接线端子 | JX2-Y010 | 2 | |
| | 导线 | BVR-2.5mm², 1mm² | 若干 | |
| | 线槽 | 40mm×40mm | 5m | |
| | 冷压接头 | 1.5mm²，1mm² | 若干 | |
| | 异型管 | 1.5mm² | 若干 | |
| | 油记笔 | 黑（红）色 | 1 | |
| | 开关板 | 木制，500mm×400mm | 1 | |

### 二、电路安装

1）根据表 2-13 配齐所用电器元件，并检查元件质量。

2）根据图 2-50，画出元件布置图，如图 2-51 所示。

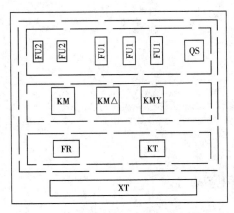

图 2-51 元件布置图

3）根据元件布置图安装元件、安装线槽，各元件的安装位置整齐、匀称、间距合理。

4）布线。布线时以接触器为中心，由里向外、由低至高，先电源电路、再控制电路，后主电路进行，以不妨碍后续布线为原则。同时，布线应层次分明，不得交叉。布线完成后如图 2-52 所示。

5）连接电动机。

① 先将如图 2-53（a）所示的电动机接线盒内接线柱上的连接片拆除，拆除后如图 2-53（b）所示。

图 2-52 布线完成后的控制板

（a）连接片拆除前的接线柱

（b）连接片拆除后的接线柱

图 2-53 电动机接线柱

② 对应连接好控制板到电动机接线柱的连接线，如图 2-54 所示。

6）连接电动机和按钮金属外壳的保护接地线。

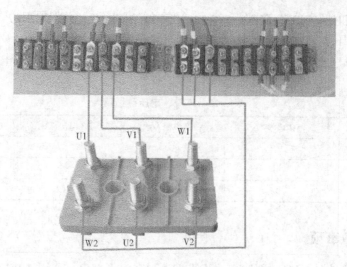

图 2-54　电动机的接线

7）整定时间。

8）整定热继电器。

9）检查。通电前，应认真检查有无错接、漏接造成不能正常运转或短路事故的现象。

10）通电试车。通电试车时，注意观察接触器、继电器运行情况。观察电动机运转是否正常，若有异常现象应马上停车。

11）试车完毕，应遵循停转、切断电源、拆除三相电源线、拆除电动机线的顺序。

## 巩固训练

### 一、任务要求

1）识读图 2-50 所示控制线路的工作原理。

2）按表 2-13 配齐所有元件，并进行质量检查，将检查情况记入表 2-14 中。

表 2-14　元器件清单

| 元件名称 | 型号规格 | 数　　量 | 是否适用 |
|---|---|---|---|
| 转换开关 | | | |
| 熔断器 | | | |
| 交流接触器 | | | |
| 热继电器 | | | |
| 时间继电器 | | | |
| 按钮 | | | |

3）在规定时间内独立完成图 2-50 所示控制线路的安装，并根据工艺要求进行调试。

4）检修调试过程中出现的故障。

5）用钳形电流表测量电动机启动时的电流、电压和空载时电流及电压，记录填入表 2-15 中。

表 2-15　电流、电压测量值

|  | L1 电流/A | L2 电流/A | L3 电流/A | 电压/V |
|---|---|---|---|---|
| 空载 |  |  |  |  |
| 降压启动 |  |  |  |  |
| 直接启动 | 95 | 92 | 93 | 380 |

## 二、注意事项

1）注意接触器 KMY、KM△ 的接线，否则会由于相序接反而造成电动机反转。

2）接触器 KMY 的进线必须从三相定子绕组的末端引入，否则会造成短路事故。

3）控制板外配线必须加以防护，以确保安全。

4）螺旋式熔断器的接线务必正确，以确保安全。

5）电动机及按钮金属外壳必须保护接地。

6）热继电器的整定电流应按电动机功率进行整定。

7）时间继电器接线时，用手指抬住接线部分，并且不要用力过度，以免损坏器件。

8）通电试车、调试及检修时，必须在指导教师的监护和允许下进行。

9）要做到安全操作和文明生产。

## 三、额定工时

额定工时为 180min。

## 四、评分

评分细则见评分表。

## 学习检测

### "三相异步电动机 Y-△降压启动控制线路的安装"技能自我评分表

| 项　　目 | 技术要求 | 配　分 | 评分细则 | 评分记录 |
|---|---|---|---|---|
| 安装前检查 | 正确无误检查所需元件 | 5 | 电器元件漏检或错检，每个扣 1 分 |  |
| 安装元件 | 按布置图合理安装元件 | 15 | 不按布置图安装，扣 3 分<br>元件安装不牢固，每个扣 0.5 分<br>元件安装不整齐、不合理，扣 2 分<br>损坏元件，每个扣 10 分 |  |

| 项 目 | 技术要求 | 配 分 | 评分细则 | 评分记录 |
|---|---|---|---|---|
| 布线 | 按控制接线图正确接线 | 40 | 不按控制线路图接线，扣10分<br>线槽内导线交叉超过3处，扣3分<br>线槽对接处不成90°，每处扣1分<br>接点松动，露铜过长，反圈、压绝缘层，标记线号不清楚、遗漏或误标，每处扣0.5分<br>损伤导线，每处扣1分 | |
| 通电试车 | 正确整定元件，检查无误，通电试车一次成功 | 40 | 热继电器未整定或错误，扣5分 | |
| | | | 时间未整定或错误，每个扣5分 | |
| | | | 熔体选择错误，每组扣5分 | |
| | | | 试车不成功，每返工一次扣5分 | |
| 定额工时180min | 超时，此项从总分中扣分 | | 每超过5min，从总分中倒扣3分，但不超过10分 | |
| 安全、文明生产 | 按照安全、文明生产要求 | | 违反安全、文明生产，从总分中倒扣5分 | |

# 知识探究

## 一、钳形电流表的使用

1. 用途

钳形电流表可以在不切断被测线路的情况下测量线路中的电流。

2. 用前检查

正确检查钳形电流表的外观情况、钳口闭合情况及表头情况等是否正常。若指针没在零位，应进行机械调零。

3. 测量

1）根据被测电流的大小来选择合适的钳形电流表的量程，选择的量程应稍大于被测电流数值。若不知道被测电流的大小，应选用最大量程估测。

2）正确测量。测量时，应按紧扳手，使钳口张开，将被测导线放入钳口中央，松开扳手并使钳口闭合紧密，如图2-55所示。

3）正确读数。根据所使用的档位，在相应的刻度线上读取读数。读数后，将钳口张开，将被测导线退出。

4）测量小电流时，如果在最低档位上测量，表针的偏转角度仍然很小（指针偏转在

刻度值10%以下），允许将被测量导线在钳口上缠绕几匝，闭合钳口后读取读数。这时

被测导线的电流值＝读数/匝数

注意：1. 档位值是满刻度值。

2. 钳口内侧缠绕几条导线就是几匝。

5）测完大电流后，在测小电流之前应开闭钳口数次进行去磁。

### 4. 注意事项

1）由于钳形电流表要接触被测线路，所以测量前一定检查表的绝缘性能是否良好，即外壳无破损，手柄应清洁、干燥。

2）测量时，应带绝缘手套或干净的线手套，如图 2-55 所示。

3）测量时，应注意身体各部分与带电体保持安全距离（低压系统安全距离为0.1~0.3m）。

图 2-55　电流测量

4）钳形电流表不能测量裸导体的电流。

5）严禁在测量过程中切换钳形电流表的档位；若需要换档时，应先将被测导线从钳口退出再更换档位。

6）将档位置于电流最高档位或 OFF 档。

7）严格按电压等级选用钳形电流表；低电压等级的钳形电流表只能测低压系统中的电流，不能测量高压系统中的电流。

## 二、降压原理

### 1. 电动机定子绕组接线

电动机定子绕组接线如图 2-56（a，b）所示。

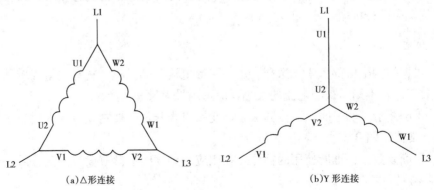

(a)△形连接　　　　　　　　(b)Y形连接

图 2-56　电动机定子绕组接线

**2. 降压原理**

电动机定子绕组是△形连接直接启动时，加在定子绕组上的每相电压 $U_\triangle = U_N$（额定电压），每相电流为 $I_\triangle$，而电源电流是定子绕组的线电流，所以电源直接启动电流是 $I_{st} = \sqrt{3}\,I_\triangle$，如表 2-15 中的直接启动数据。

当电动机定子绕组是 Y 形连接时，电源电压没有改变，而加在定子绕组上的每相电压等于额定电压 $U_N$ 的 $1/\sqrt{3}$，即 $U_Y = 1/\sqrt{3}\,U_N$。每相电流 $I_Y = 1/\sqrt{3}\,I_\triangle = 1/3 I_{st}$。由于转矩与电压的平方成正比，所以 Y 形连接时的启动转矩也是△形连接时的 1/3，如表 2-15 中的降压启动数据（自行测量）。

**3. Y-△降压条件**

Y-△降压条件如下：

1）电动机绕组在正常（直接）启动时必须是△形连接。

2）启动时，电动机必须是轻载或空载。

## 思考与练习

1. 下图能否正常实现 Y-△降压启动？若不能，请说明原因并改正。

2. 某台三相异步电动机功率为 40kW，电压为 380V，额定电流为 82A，直接启动时的启动电流为 492A，问采用 Y-△降压启动时的启动电流为多大，电压为多少。

3. 根据题 2 中的数据选择主要元器件和主导线。

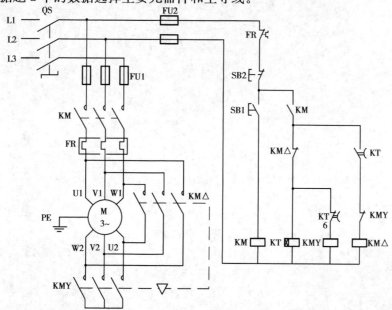

图 2-57　Y-△降压启动控制线路图

## 知识链接

与本任务相关的知识可参阅以下图书：

1. 《电力拖动控制线路与技能训练》（科学出版社，田建苏等主编）

2. 《电力拖动控制线路与技能训练》（机械工业出版社，董桂桥主编）

3. 《工厂电气控制》（机械工业出版社，愈艳、金国砥主编）

# 三相交流异步电动机反接制动控制线路的安装与调试

**任务8**

## 场景描述

1. 在实训室中进行三相异步电动机反接制动控制线路的安装与调试。
2. 实训室条件：YL-WX-II型实训台或工作台（见下图）、必要的元器件、导线、开关板、常用工具及多媒体课件等。

## 任务目标

1. 识读三相异步电动机反接制动控制线路工作原理。
2. 了解速度继电器的结构及工作原理。
3. 了解制动电阻的选择。
4. 根据线路图安装反接制动控制线路。
5. 正确调试反接制动控制线路。
6. 对线路出现的故障能正确、快速地排除。

# 工作任务

通过前面的试车我们看出，虽然三相异步电动机切断了电源，由于惯性，电动机总要经过一段时间才能完全停止转动。在实际生产中，为了缩短停车时间、提高生产效率，要求生产机械能迅速、准确地停车。

采取一定措施使三相异步电动机在切断电源后迅速准确地停车的过程，称为三相异步电动机的制动。三相异步电动机的制动方法有机械制动和电气制动两大类。常用的机械制动方式有电磁抱闸制动和电磁离合器制动两种，如桥式起重机中的制动是电磁抱闸制动，X62W 万能铣床中的主轴是电磁离合器制动。常用的电气制动方法有反接制动和能耗制动。

依靠改变电动机定子绕组的电源相序来产生制动力矩，迫使电动机迅速停转的制动方式叫反接制动。反接制动具有制动力强、制动迅速的优点。其缺点是制动的准确性差，冲击强烈，容易损坏传动零件，能量消耗大，不宜经常制动。因此，反接制动一般适用于制动迅速、惯性大、不经常启动与制动的场合，比如镗床的主轴制动。反接制动有单向启动反接制动和双向启动反接制动两种形式。双向启动反接制动控制线路图如图 2-58 所示。

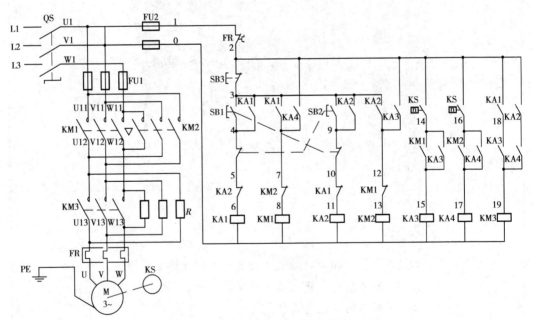

图 2-58 双向启动反接制动控制线路图

原理分析：首先合上电源开关 QS。

**1. 正转**

按下正转启动按钮 SB1。

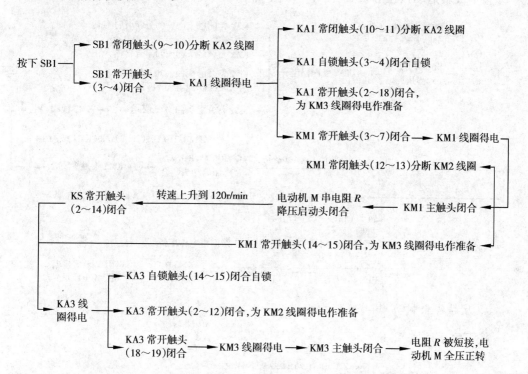

**2. 正转停止制动**

按下停止按钮 SB3。

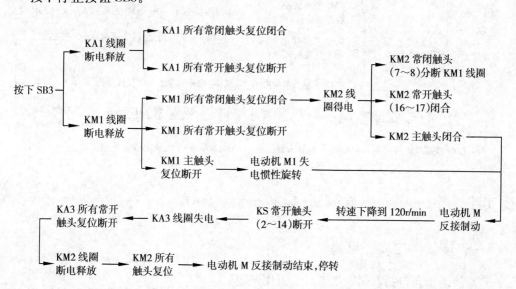

### 3. 反转

按下反转启动按钮 SB2。

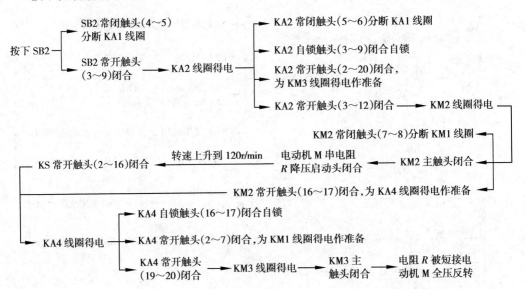

### 4. 反转停止制动

按下停止按钮 SB3。

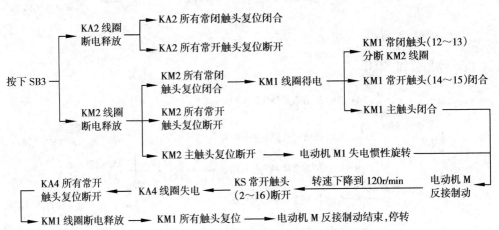

## 实践操作

### 一、所需的工具、材料

1) 所需工具包括常用电工工具、万用表等。

2) 所需材料见表 2-16。

表 2-16　电器元件明细

| 图上代号 | 元件名称 | 型号规格 | 数量 | 备注 |
|---|---|---|---|---|
| M | 三相交流异步电动机 | Y-112M-4/4kW，△接法，380V，8.8A，1440r/min | 1 | |
| QS | 转换开关 | HZ10-25/3 | 1 | |
| FU1 | 熔断器 | RL1-60/25A | 3 | |
| FU2 | 熔断器 | RL1-15/2A | 2 | |
| KM1 KM2 KM3 | 交流接触器 | CJ10-10，380V | 3 | |
| FR | 热继电器 | JR36-20/3，整定电流 8.8A | 1 | |
| KA1，KA2 KA3，KA4 | 中间继电器 | JS7-44A，380V | 4 | |
| KS | 速度继电器 | JY1 | 1 | |
| R | 电阻 | ZX2-2/0.7Ω，7Ω | 3 | |
| SB1，SB2 SB3 | 启动按钮 | LA10-3H | 1 | 绿色、黑色 |
| | 停止按钮 | | | 红色 |
| | 接线端子 | JX2-Y010 | 2 | |
| | 导线 | BVR-1.5mm²，1mm² | 若干 | |
| | 线槽 | 40mm×40mm | 5m | |
| | 冷压接头 | 1.5mm²，1mm² | 若干 | |
| | 异型管 | 1.5mm² | 若干 | |
| | 油记笔 | 黑（红）色 | 1 | |
| | 开关板 | 木制，500mm×400mm | 1 | |

## 二、电路安装

1) 根据表 2-16 配齐所用电器元件，并检查元件质量。

2) 根据图 2-58 画出元件布置图，如图 2-59 所示。

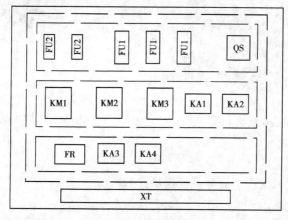

图 2-59　元件布置图

3）根据元件布置图安装元件、安装线槽，各元件的安装位置整齐、匀称、间距合理。

4）布线。布线时以接触器为中心，由里向外、由低至高，先电源电路、再控制电路、后主电路进行，以不妨碍后续布线为原则。同时，布线应层次分明，不得交叉。布线完成后如图 2-60 所示。

图 2-60　布线完成后的控制板

5）安装速度继电器，如图 2-61 所示。安装时，采用速度继电器的连接头与电动机转轴直接连接的方法，并使电动机转轴与速度继电器转轴的中心线重合。

6）连接速度继电器与控制板接线，如图 2-62 所示。

图 2-61　安装速度继电器

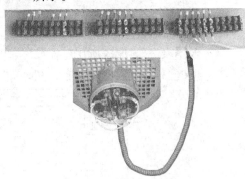

图 2-62　速度继电器的接线

7）连接制动电阻。

8）连接电动机和按钮金属外壳的保护接地线。

9）整定热继电器。

10）检查。通电前，应认真检查有无错接、漏接造成不能正常运转或短路事故的现象。

11）通电试车。通电试车时，注意观察接触器、继电器运行情况。观察电动机运转是否正常，若有异常现象应马上停车。

12）试车完毕，应遵循停转、切断电源、拆除三相电源线、拆除电动机线的顺序。

## 巩固训练

### 一、任务要求

1）识读图 2-58 所示控制线路的工作原理。

2）按表 2-16 配齐所有元件，并进行质量检查，将检查情况记入表 2-17 中。

表 2-17　元器件清单

| 元件名称 | 型号规格 | 数　量 | 是否适用 |
|---|---|---|---|
| 转换开关 | | | |
| 熔断器 | | | |
| 交流接触器 | | | |
| 热继电器 | | | |
| 中间继电器 | | | |
| 速度继电器 | | | |
| 按钮 | | | |

3）在规定时间内独立完成图 2-58 所示控制线路的安装，并根据工艺要求进行调试。

4）检修调试过程中出现的故障。

### 二、注意事项

1）注意接触器 KM3 与制动电阻 $R$ 的接线，否则会由于相序接反而造成电动机反转。

2）务必注意电阻的防范措施，配线必须加以防护，以确保安全。教师加强监护，以免发生触电事故。

3）安装速度继电器时，应使转轴与电动机转轴中心线重合。

4）速度继电器的两对常开触头接线必须正确，否则会造成不能停车制动的现象。

5）控制板外配线必须加以防护，以确保安全。

6）螺旋式熔断器的接线务必正确，以确保安全。

7）电动机及按钮金属外壳必须保护接地。

8）热继电器的整定电流应按电动机功率进行整定。

9）通电试车、调试及检修时，必须在指导教师的监护和允许下进行。

10）要做到安全操作和文明生产。

### 三、额定工时

额定工时为 210min，速度继电器安装时间另计。

### 四、评分

评分细则见评分表。

## 学习检测

"三相交流异步电动机反接制动控制线路的安装"技能自我评分表

| 项　　目 | 技术要求 | 配　　分 | 评分细则 | 评分记录 |
|---|---|---|---|---|
| 安装前检查 | 正确无误检查所需元件 | 5 | 电器元件漏检或错检，每个扣1分 | |
| 安装元件 | 按布置图合理安装元件 | 15 | 不按布置图安装，扣3分<br>元件安装不牢固，每个扣0.5分<br>元件安装不整齐、不合理，扣2分<br>损坏元件，每个扣10分<br>速度继电器安装不符合要求，扣5分 | |
| 布线 | 按控制接线图正确接线 | 40 | 不按控制线路图接线，扣10分<br>线槽内导线交叉超过3处，扣3分<br>线槽对接处不成90°，每处扣1分<br>接点松动，露铜过长，反圈、压绝缘层，标记线号不清楚、遗漏或误标，每处扣0.5分<br>损伤导线，每处扣1分 | |
| 通电试车 | 正确整定元件，检查无误，通电试车一次成功 | 40 | 热继电器未整定或错误，扣5分<br>熔体选择错误，每组扣5分<br>时间未整定或错误，扣5分；速度继电器接线错误，扣5分<br>试车不成功，每返工一次扣5分 | |
| 定额工时210min | 超时，此项从总分中扣分（速度继电器安装时间另计） | | 每超过5min，从总分中倒扣3分，但不超过10分 | |
| 安全、文明生产 | 按照安全、文明生产要求 | | 违反安全、文明生产，从总分中倒扣5分 | |

## 知识探究

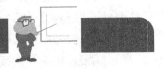

### 一、制动电阻的选择

反接制动时，电动机的旋转磁场与转子的相对速度很高，制动电流很大，一般为电动机额定电流的 10 倍左右，因此制动时需要在定子绕组中串入电阻，以限制反接制动电流。电阻的大小可根据以下经验公式进行估计计算。

1）反接制动电流等于电动机直接启动时启动电流的 1/2，三相电路每相应串入制动电阻取

$$R \approx 1.5 \times \frac{220}{I_{st}}(\Omega)$$

2）反接制动电流等于电动机直接启动时的启动电流，三相电路每相应串入制动电阻取

$$R \approx 1.3 \times \frac{220}{I_{st}}(\Omega)$$

## 二、速度继电器

速度继电器是反映转速和转向的继电器，其作用是以旋转速度作为指令信号，与接触器配合实现对电动机反接制动控制。速度继电器的组成如图 2-63（a～f）所示，它主要由定子、转子、支架、触头系统等组成。

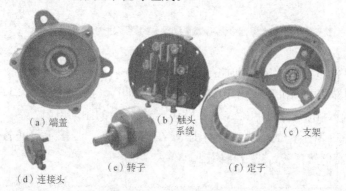

（a）端盖　　（b）触头系统　　（c）支架

（d）连接头　　（e）转子　　（f）定子

图 2-63　速度继电器的组成

转子由永久磁铁与转轴构成；定子由硅钢片叠成并装有笼形短路绕组，能小范围偏转；触头系统由一组正转时动作的触头和一组反转时动作的触头组成，两组触头都有一常开触头和一常闭触头。速度继电器的图形及文字符号如图 2-64（a）所示。

速度继电器的工作原理如图 2-64（b）所示，速度继电器的轴与电动机的轴相连接。转子固定在轴上，定子与轴同心。当电动机转动时，速度继电器的转子随之转动，绕组切割磁场产生感应电动势和电流，此电流和永久磁铁的磁场作用产生转矩，使定子向轴的转动方向偏摆，通过摆锤（摆杆）拨动触点，使常闭触点断开、常开触点闭合。当电动机转速下降到接近零时，转矩减小，定子柄在弹簧力的作用下恢复原位，触点也复原。

速度继电器触头动作转速在 120r/min 以上，低于 120r/min 左右时触头复位，触头动作方向与转子旋转方向相反。

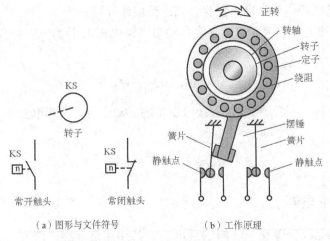

图 2-64  速度继电器的符号与工作原理

## 思考与练习

1. 试将图 2-58 双向启动制动控制线路改成单向启动制动控制线路。

2. 某三相异步电动机功率为 10kW，电压为 380V，额定电流为 21A，直接启动时的启动电流与制动电流均为 142A，则每相应选择多大的制动电阻？

3. 如图 2-58 所示，试车时，电动机 M 在正转状态，当按下停止按钮 SB3 后电动机不制动停止而仍然正转，试分析原因。

## 知识链接

与本任务相关的知识可参阅以下图书：

1.《电力拖动控制线路与技能训练》（科学出版社，田建苏等主编）

2.《电力拖动控制线路与技能训练》（机械工业出版社，董桂桥主编）

3.《工厂电气控制》（机械工业出版社，愈艳、金国砥主编）

# 三相交流异步电动机能耗制动控制线路的安装与调试

**场景描述**

1. 在实训室中进行三相异步电动机能耗制动控制线路的安装与调试。

2. 实训室条件：YL-WX-Ⅱ型实训台或工作台（见下图）、必要的元器件、导线、开关板、常用工具及多媒体课件等。

**任务目标**

1. 识读三相异步电动机能耗制动控制线路的工作原理。

2. 了解能耗制动原理。

3. 了解制动元件的选择。

4. 根据线路图安装能耗制动控制线路。

5. 正确调试能耗制动控制线路。

6. 对线路出现的故障能正确、快速地排除。

## 工作任务

当电动机切断交流电源后，立即在定子绕组的任意两相中通入直流电，迫使电动机迅速停转的制动方式叫能耗制动。能耗制动具有制动准确、平稳等优点。其缺点是需要附加直流电源装置，制动力较弱。能耗制动的附加直流装置分无变压器单相半波整流和有变压器单相桥式整流两种形式。无变压器单相半波整流能耗制动线路简单，成本低，适用于 10kW 以下电动机、且制动要求不高的场合。10kW 以上、电动机多采用有变压器单相桥式整流能耗制动控制方式。能耗制动控制线路图如图 2-65 所示。

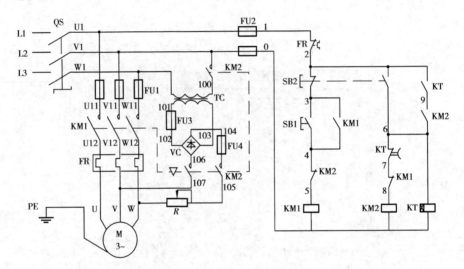

图 2-65  能耗制动控制线路图

原理分析：首先合上电源开关 QS。

### 1. 启动

按下启动按钮 SB1。

### 2. 停止制动

按下停止按钮 SB2。

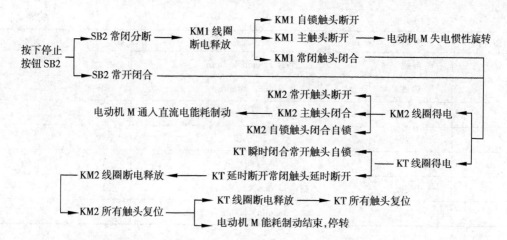

## 实践操作

### 一、所需的工具、材料

1. 所需工具包括常用电工工具、万用表、直流电流表等。
2. 所需材料见表 2-18。

表 2-18　电器元件明细

| 图上代号 | 元件名称 | 型号规格 | 数　量 | 备　注 |
|---|---|---|---|---|
| M | 三相交流异步电动机 | Y-112M-4/4kW，△接法，380V，8.8A，1440r/min | 1 | |
| QS | 转换开关 | HZ10-25/3 | 1 | |
| FU1 | 熔断器 | RL1-60/25A | 3 | |
| FU2 | 熔断器 | RL1-15/2A | 2 | |
| FU3，FU4 | 熔断器 | RL1-15/15A | 2 | |
| KM1，KM2 | 交流接触器 | CJ10-10，380V | 2 | |
| FR | 热继电器 | JR36-20/3，整定电流 8.8A | 1 | |
| KT | 时间继电器 | JS7-2A，380V | 1 | |
| VC | 整流二极管 | 10A，300V | 4 | |
| TC | 变压器 | BK-500，380/110V | 1 | |
| $R$ | 可调电阻 | 2Ω/1kΩ | 1 | |
| SB1，SB2 | 启动按钮 | LA10-2H | 1 | 绿色 |
| | 停止按钮 | | | 红色 |
| | 接线端子 | JX2-Y010 | 2 | |

| 图上代号 | 元件名称 | 型号规格 | 数　量 | 备　注 |
|---|---|---|---|---|
| | 导线 | BVR-1.5mm², 1mm² | 若干 | |
| | 线槽 | 40mm×40mm | 5m | |
| | 冷压接头 | 1.5mm², 1mm² | 若干 | |
| | 异型管 | 1.5mm² | 若干 | |
| | 油记笔 | 黑（红）色 | 1 | |
| | 开关板 | 木制，500mm×400mm×30mm | 1 | |
| | 开关板 | 木制，300mm×300mm×30mm | 1 | |

## 二、电路安装

1）根据表 2-18 配齐所用电器元件，并检查元件质量。

2）根据图 2-65 画出元件布置图，如图 2-66 所示。

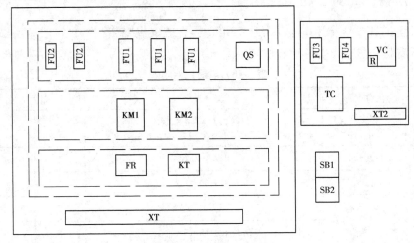

图 2-66　元件布置图

3）根据元件布置图安装元件、安装线槽，各元件的安装位置应整齐、匀称、间距合理。

4）布线。布线时以接触器为中心，由里向外、由低至高，先电源电路、再控制电路、后主电路进行，以不妨碍后续布线为原则。同时，布线应层次分明，不得交叉。布线完成后的控制板如图 2-67 所示。

5）安装、布置制动单元部分，如图 2-68 所示。

6）连接制动单元直流电源与主控制板，如图 2-69 所示。

7）连接电动机和按钮金属外壳的保护接地线。

8）连接电动机和电源。

图 2-67 布线完成后的控制板

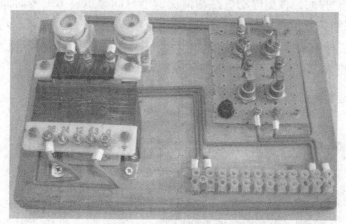

图 2-68 安装完成的制动单元

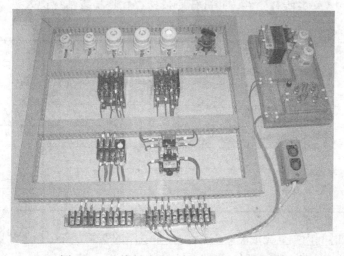

图 2-69 连接制动单元直流电源与主控制板

9）整定热继电器。

10）检查。通电前，应认真检查有无错接、漏接造成不能正常运转或短路事故的现象。

11）通电调试。

① 调试制动电流。制动电流过小，制动效果差；制动电流大，会烧坏绕组。Y-112M-4/4kW 的电动机所需制动电流为 14A，如不相符，应调整可调电阻 $R$。调试方法如下：

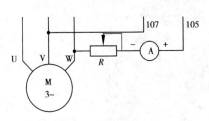

图 2-70　制动电流调试图

a. 断开直流电路 105# 线，串接一个 20A 的直流电流表，如图 2-70 所示。

b. 按下停止按钮 SB2，观察电流表的指示值，根据电流的大小调整可调电阻 $R$。

c. 调整后拆除电流表，恢复接线。

注意：1. 电流表的极性。

2. 应点动 SB2，以免烧坏绕组。

② 调试制动时间。根据电动机制动情况调节时间继电器 KT 的时间：已经制动停车，KM2 没有断开，将时间调短；还没有制动停车，KM2 已经断开，将时间调长。

12）调试完毕，通电试车。试车时，注意观察接触器、继电器运行情况。观察电动机运转是否正常，若有异常现象应马上停车。

13）试车完毕，应遵循停转、切断电源、拆除三相电源线、拆除电动机线的顺序。

## ■ 巩固训练

### 一、任务要求

1）识读图 2-65 所示控制线路的工作原理。

2）按表 2-18 配齐所有元件，并进行质量检查，将检查情况记入表 2-19 中。

表 2-19　元器件清单

| 元件名称 | 型号规格 | 数　量 | 是否适用 |
|---|---|---|---|
| 转换开关 | | | |
| 熔断器 | | | |
| 交流接触器 | | | |
| 热继电器 | | | |
| 变压器 | | | |
| 时间继电器 | | | |
| 按钮 | | | |

3）在规定时间内独立完成图 2-65 所示控制线路的安装，并根据工艺要求进行调试。

4）检修调试过程中出现的故障。

### 二、注意事项

1）整流元件要先固定在固定板上，再安装在安装板上。

2）电阻用紧固件安装在控制板上。

3）时间继电器的整定时间应适当，不宜过长或过短。

4）制动控制时，停止按钮 SB2 要按到底。

5）控制板外配线必须加以防护，以确保安全。

6）螺旋式熔断器的接线务必正确，以确保安全。

7）电动机及按钮金属外壳必须保护接地。

8）热继电器的整定电流应按电动机功率进行整定。

9）通电试车、调试及检修时，必须在指导教师的监护和允许下进行。

10）要做到安全操作和文明生产。

### 三、额定工时

额定工时为 120min，包括整流元件的安装。

### 四、评分

评分细则见评分表。

**学习检测**

**"三相交流异步电动机能耗制动控制线路的安装"技能自我评分表**

| 项　目 | 技术要求 | 配　分 | 评分细则 | 评分记录 |
|---|---|---|---|---|
| 安装前检查 | 正确无误检查所需元件 | 5 | 电器元件漏检或错检，每个扣 1 分 | |
| 安装元件 | 按布置图合理安装元件 | 15 | 不按布置图安装，扣 3 分<br>元件安装不牢固，每个扣 0.5 分<br>元件安装不整齐、不合理，扣 2 分<br>整流元件安装不符合要求，扣 5 分<br>损坏元件，每个扣 10 分 | |
| 布线 | 按控制接线图正确接线 | 40 | 不按控制线路图接线，扣 10 分<br>线槽内导线交叉超过 3 处，扣 3 分<br>线槽对接处不成 90°，每处超 1 分<br>接点松动，露铜过长，反圈、压绝缘层，标记线号不清楚、遗漏或误标，每处扣 0.5 分<br>损伤导线，每处扣 1 分 | |
| 通电试车 | 正确整定元件，检查无误，通电试车一次成功 | 40 | 热继电器未整定或错误，扣 5 分<br>熔体选择错误，每组扣 5 分<br>时间未整定或错误，每个扣 5 分<br>制动电流未整定或错误，扣 5 分<br>试车不成功，每返工一次扣 5 分 | |

| 项　　目 | 技术要求 | 配　　分 | 评分细则 | 评分记录 |
|---|---|---|---|---|
| 定额工时 120min | 超时，此项从总分中扣分（包括整流元件的安装） | | 每超过 5min，从总分中倒扣 3 分，但不超过 10 分 | |
| 安全、文明生产 | 按照安全、文明生产要求 | | 违反安全、文明生产，从总分中扣倒 5 分 | |

## 知识探究

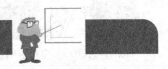

### 一、能耗制动原理

能耗制动原理如图 2-71 所示。当通电旋转的交流电动机切断电源后，转子仍沿原方向惯性旋转，这时在电动机 V 和 W 两相定子绕组中通入直流电，使定子绕组产生一个恒定磁场（一对磁极），这样惯性旋转的转子切割磁力线而在转子绕组中产生感生电流，其方向用右手定则判断，感生电流从上面流入（$\otimes$），从下面流出（$\odot$）。

转子绕组中的感生电流又立即受到静止磁场的作用，产生电磁转矩 F，其方向用左手定则判断。此时转矩的方向正好与电动机旋转的方向相反，使电动机受到制动力而迅速停转。

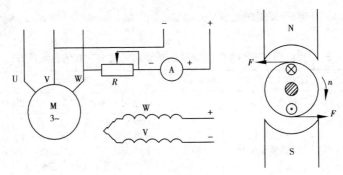

图 2-71　能耗制动原理图

### 二、制动直流电源

能耗制动时产生的制动力矩大小与通入定子绕组的直流电流大小、电动机转速的高低以及转子电路中的电阻有关。电流越大产生的磁场就越强，而转速越高，转子切割磁场的速度就越大，产生的制动力矩也就越大。对于鼠笼式异步电动机，增大制动力矩只能通过增大通入电动机的直流电流来实现，而通入的直流电流又不能太大，过大会烧坏电动机定子绕组。要在定子绕组中串入电阻，以限制能耗制动电流。因此，能耗制动所需的直流电源要进行计算。计算步骤如下：

1）首先测量出电动机三相绕组中任意两相之间的电阻 $R$（$\Omega$），也可查阅电动机手册。

2）测量电动机的空载电流 $I_0$（A）。可查阅电动机手册，也可估算，一般小型电动机的空载电流约为额定电流的 $30\%\sim70\%$，大中型电动机的空载电流约为额定电流的 $20\%\sim40\%$。

3）计算能耗制动所需的直流电流 $I_L=KI_0$（A），以及直流电压 $U_L=I_LR$（V）。$K$ 一般取 $3.5\sim4$，转速高、惯性大的电动机取上限值 4。

4）选择变压器。

① 变压器次级电压 $U_2=U_L/0.9$（V）。

② 变压器次级电流 $I_2=I_L/0.9$（A）。

③ 变压器容量 $S=U_2I_2$（V·A）。

不频繁制动可取 $S=(1/3\sim1/4)\,U_2I_2$（V·A）。

5）选择整流二极管。二极管选择一般考虑流过二极管的平均电流 $I_F$ 和二极管承受的最大反向电压 $U_{RM}$。

$$I_F=0.5I_L,\quad U_{RM}=1.57U_L$$

6）选择可调电阻，阻值取 $2\Omega$，功率 $P=I_L^2R$（W）。

## 思考与练习

1. 试将图 2-58 时间继电器控制能耗制动改成速度继电器控制能耗制动，并比较各自的特点。

2. 某三相异步电动机功率为 7.5kW，电压为 380V，额定电流为 15.4A，如果采用能耗制动，请选择变压器、二极管以及可调电阻（电动机定子绕组每相电阻为 1.9$\Omega$）。

3. 设计双向启动的能耗制动控制线路。

## 知识链接

与本任务相关的知识可参阅以下图书：

1.《电力拖动控制线路与技能训练》（科学出版社，田建苏等主编）

2.《电力拖动控制线路与技能训练》（机械工业出版社，董桂桥主编）

3.《工厂电气控制》（机械工业出版社，愈艳、金国砥主编）

# 项目3

## 双速电动机控制系统的安装、调试及故障处理

### 教学目标

1. 使学生了解双速电动机控制线路的工作原理。
2. 使学生会识读双速电动机控制线路原理图。
3. 通过实训使学生能独立完成双速电动机控制线路的安装与调试。
4. 使学生会处理通电试车中出现的故障。

### 安全规范

1. 穿戴好安全防护用具，严禁穿凉鞋、背心、短裤、裙装进入实训场地。
2. 使用绝缘工具，并认真检查工具绝缘是否良好。
3. 停电作业时，必须先验电确认无误后方可工作。
4. 带电作业时，必须在教师的监护下进行。

### 技能要求

1. 树立安全和文明生产意识。
2. 学会双速电动机控制线路分析。
3. 掌握双速电动机控制线路的安装与调试。

## 任务 1 按钮、接触器控制的双速电动机控制线路的安装与调试

### 场景描述

1. 在实训室中进行按钮、接触器控制的双速电动机控制线路的安装与调试。
2. 实训室条件：YL-WX-Ⅱ型实训台或工作台（见下图）、必要的元器件、导线、开关板、常用工具及多媒体课件等。

### 任务目标

1. 识读按钮、接触器控制的双速电动机控制线路工作原理。
2. 了解电动机速度的测量。
3. 了解电动机变极的原理。
4. 根据线路图安装按钮、接触器控制的双速电动机控制线路。
5. 正确调试按钮、接触器控制的双速电动机控制线路。
6. 对线路出现的故障能正确、快速地排除。

## 工作任务

一些生产机械常采用双速电动机工作，以扩大调速范围，例如 T68 镗床等。双速电动机属于异步电动机变极调速，这种调速方法是有级的，不能平滑调速，而且只适用于鼠笼式电动机。对于主控电路，可采用按钮、接触器或者时间继电器等来构建双速电动机控制电路。图 3-1 所示是接触器、按钮控制的双速电动机控制线路图。

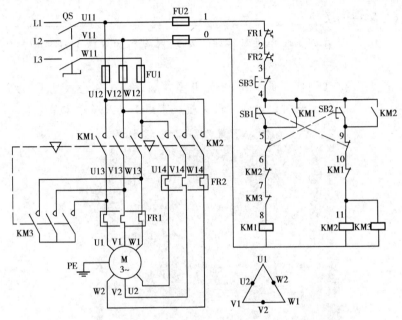

图 3-1  接触器、按钮控制的双速电动机控制线路图

原理分析：首先合上电源开关 QS。

### 1. 低速

按下启动按钮 SB1。

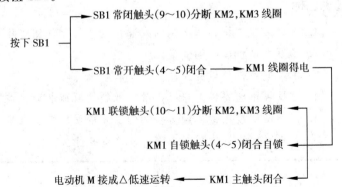

此时，电动机定子绕组 U1，V1，W1 接电源，而 U2，V2，W2 空着不接。

## 2. 高速

按下启动按钮 SB2。

此时，电动机定子绕组 U2，V2，W2 接电源，而 U1，V1，W1 被接触器 KM3 短接。

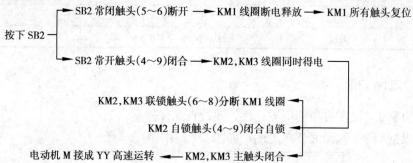

## 3. 停止

只需按下停止按钮 SB3 即可。

## ■ 实践操作

### 一、所需的工具、材料

1) 所需工具包括常用电工工具、万用表、转速表等。
2) 所需材料见表 3-1。

**表 3-1 电器元件明细**

| 图上代号 | 元件名称 | 型号规格 | 数 量 | 备 注 |
|---|---|---|---|---|
| M | 三相交流异步电动机 | YD112M-4/2，3.3/4kW，△/YY 接法，380V，7.4/8.6A，1440/2890r/min | 1 | |
| QS | 转换开关 | HZ10-25/3 | 1 | |
| FU1 | 熔断器 | RL1-60/25A | 3 | |
| FU2 | 熔断器 | RL1-15/2A | 2 | |
| KM1，KM2 KM3 | 交流接触器 | CJ10-10，380V | 3 | |
| FR1 | 热继电器 | JR36-20/3，整定电流 7.4A | 1 | |
| FR2 | 热继电器 | JR36-20/3，整定电流 8.6A | 1 | |
| SB1，SB2 SB3 | 启动按钮 | LA10-3H | 1 | 绿色/黑色 |
| | 停止按钮 | | | 红色 |
| | 接线端子 | JX2-Y010 | 2 | |
| | 导线 | BVR-1.5mm², 1mm² | 若干 | |

| 图上代号 | 元件名称 | 型号规格 | 数 量 | 备 注 |
|---|---|---|---|---|
| | 线槽 | 40mm×40mm | 5m | |
| | 冷压接头 | 1.5mm², 1mm² | 若干 | |
| | 异型管 | 1.5mm² | 若干 | |
| | 油记笔 | 黑(红)色 | 1 | |
| | 开关板 | 木制,500mm×400 mm | 1 | |

## 二、电路安装

1)根据表 3-1 配齐所用电器元件,并检查元件质量。

2)根据图 3-1 画出元件布置图,如图 3-2 所示。

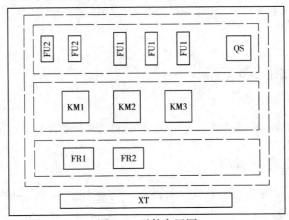

图 3-2 元件布置图

3)根据元件布置图安装元件、安装线槽,各元件的安装位置应整齐、匀称、间距合理。

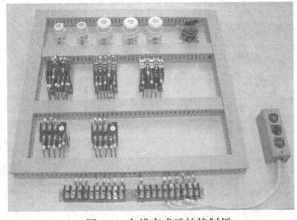

图 3-3 布线完成后的控制板

4)布线。布线时以接触器为中心,由里向外、由低至高,先电源电路、再控制电路、后主电路进行,以不妨碍后续布线为原则。同时,布线应层次分明,不得交叉。布线完成后如图 3-3 所示。

5)连接电动机和按钮金属外壳的保护接地线。

6)连接电动机和电源。

7)整定热继电器。

8)检查。通电前,应认真检查

有无错接、漏接造成不能正常运转或短路事故的现象。

9）通电试车。试车时，注意观察接触器情况。观察电动机运转是否正常，若有异常现象应马上停车。

10）用转速表测量电动机的转速，步骤如下：

① 选择适当的量程。

② 选择适当的接头套在转速表上，如图3-4所示。

③ 当电动机转速稳定后，适度用力将转速表对准并压在电动机的转轴中心孔上，如图3-5所示。

图3-4 将接头套在转速表上

图3-5 将转速表对准并压在电动机的转轴中心孔上

④ 当指针（数字）稳定后读数。

注意：接触测量时间每次不超过30s。

11）试车完毕，应遵循停转、切断电源、拆除三相电源线、拆除电动机线的顺序。

## ■ 巩固训练

### 一、任务要求

1）识读图3-1所示控制线路的工作原理。

2）按表3-1配齐所有元件，并进行质量检查，将检查情况记入表3-2中。

表3-2 元器件清单

| 元件名称 | 型号规格 | 数　　量 | 是否适用 |
|---|---|---|---|
| 转换开关 | | | |
| 熔断器 | | | |
| 交流接触器 | | | |
| 热继电器 | | | |
| 按钮 | | | |

3）在规定时间内独立完成图3-1所示控制线路的安装，并根据工艺要求进行调试。

4）检修调试过程中出现的故障。

## 二、注意事项

1）接线时，注意接触器 KM1，KM2 在两种转速下电源相序的改变，不能接错，否则会造成两种转速下电动机的转向相反，换向时将产生很大的冲击电流。

2）接触器 KM1，KM2 的主触头不能对换接线，否则不但无法实现双速控制的要求，而且会造成短路事故。

3）由于电动机在两种转速下功率不同，所以热继电器 FR1，FR2 在主电路中的接线不能错，整定电流值也不能错。

4）控制板外配线必须加以防护，以确保安全。

5）电动机及按钮金属外壳必须保护接地。

6）转速表压在电动机的转轴上的力度要适当。

7）通电试车、调试及检修时，必须在指导教师的监护和允许下进行。

8）要做到安全操作和文明生产。

## 三、额定工时

额定工时为 120min。

## 四、评分

评分细则见评分表。

## 学习检测

"按钮、接触器控制的双速电动机控制线路的安装"技能自我评分表

| 项　　目 | 技术要求 | 配　　分 | 评分细则 | 评分记录 |
|---|---|---|---|---|
| 安装前检查 | 正确无误检查所需元件 | 5 | 电器元件漏检或错检，每个扣 1 分 | |
| 安装元件 | 按布置图合理安装元件 | 15 | 不按布置图安装，扣 3 分<br>元件安装不牢固，每个扣 0.5 分<br>元件安装不整齐、不合理，扣 2 分<br>损坏元件，每个扣 10 分 | |
| 布线 | 按控制接线图正确接线 | 40 | 不按控制线路图接线，扣 10 分<br>线槽内导线交叉超过 3 处，扣 3 分<br>线槽对接处不成 90°，每处扣 1 分<br>接点松动，露铜过长，反圈，压绝缘层，标记线号不清楚、遗漏或误标，每处扣 0.5 分<br>损伤导线，每处扣 1 分 | |
| 通电试车 | 正确整定元件，检查无误，通电试车一次成功 | 40 | 热继电器未整定或错误，扣 5 分<br>熔体选择错误，每组扣 5 分<br>测量转速方法不正确，扣 5 分<br>试车不成功，每返工一次扣 5 分 | |

| 项　　目 | 技术要求 | 配　　分 | 评分细则 | 评分记录 |
|---|---|---|---|---|
| 定额工时 120min | 超时，此项从总分中扣分 | | 每超过 5min 从总分中倒扣 3 分，但不超过 10 分 | |
| 安全、文明生产 | 按照安全、文明生产要求 | | 违反安全、文明生产，从总分中倒扣 5 分 | |

## 知识探究

根据公式 $n_1 = 60f/p$ 可知异步电动机的同步转速 $n_1$ 与磁极对数 $p$ 成反比，磁极对数增加一倍，同步转速 $n_1$ 下降至原转速的一半，电动机额定转速 $n$ 也将下降近似一半，所以改变磁极对数可以达到改变电动机转速的目的。

三相变极多速异步电动机有双速、三速、四速等，分为倍极调速（如 2/4，4/8）和非倍极调速（如 4/6，6/8）两大类。多速异步电动机调速方法是有级的，不能平滑调速，而且只适用于鼠笼式电动机。根据电动机负载要求的不同，绕组常用的接法有 △/YY 和 Y/YY 两种［图 3-6（a，b）］，通过反向变极达到变速目的。

三相电动机定子的三相绕组是对称的，只要了解其中一相绕组就可知道其他两相绕组的结构。下面以 2/4 极 U 相绕组为例说明反向变极的基本原理。图 3-7 中图（a）和图（c）是绕组分布图，图 3-7（b）和图（d）是绕组展开图。图 3-7（e）是成形绕组实物图。

当电动机绕组按如图 3-7（a，b）所示的连接工作时，电流从绕组 1U1 流进，从 1U2 流出后又从 2U1 流入，最后从 2U2 流出，用安培定则可判断出产生了两对磁极，即极数 $2p = 4$。

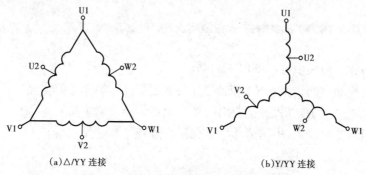

(a)△/YY 连接　　　　　　　　　(b)Y/YY 连接

图 3-6　多速电动机定子绕组接线原理图

如果把电动机绕组改接成按如图 3-7（c，d）所示的连接工作时，电流同时从绕组 1U1 和 2U2 流进，同时从绕组 1U2 和 2U1 流出，用安培定则可判断出 1U1 和 2U2 之间、1U2 和 2U1 之间的磁力线方向相反，相互抵消，1U1，1U2 与 2U1，2U2 之间产生一对磁极，即极数 $2p=2$。

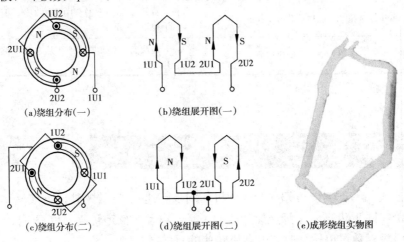

(a)绕组分布(一)　　　(b)绕组展开图(一)

(c)绕组分布(二)　　　(d)绕组展开图(二)　　　(e)成形绕组实物图

图 3-7　反向变极原理

由上述可知，线圈的接法反了，电流方向也随之改变了，因此这种方法称为反向变极法。

## ▮ 思考与练习

1. 双速电动机的定子绕组有几个出线端？分别画出△/YY 双速电动机在低速、高速时定子绕组的接线图。

2. 简述安培定则。

3. 异步电动机的转速与哪些因素有关？

## ▮ 知识链接

与本任务相关的知识可参阅以下图书：

1. 《电力拖动控制线路与技能训练》（科学出版社，田建苏等主编）

2. 《工厂电气控制》（机械工业出版社，愈艳、金国砥主编）

3. 《电机与变压器》（中国劳动社会保障出版社，李学炎主编）

任务2

# 时间继电器控制的双速电动机控制线路的安装与调试

**场景描述**

1. 在实训室中进行时间继电器控制的双速电动机控制线路的安装与调试。

2. 实训室条件：YL-WX-Ⅱ型实训台或工作台（见下图）、必要的元器件、导线、开关板、常用工具及多媒体课件等。

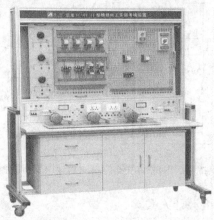

**任务目标**

1. 识读时间继电器控制的双速电动机控制线路的工作原理。

2. 了解交流电动机的调速种类。

3. 根据线路图安装时间继电器控制的双速电动机控制线路。

4. 正确调试时间继电器控制的双速电动机控制线路。

5. 对线路出现的故障能正确、快速地排除。

**工作任务**

为减小启动电流，双速电动机在高速运行前往往都要先进行低速启动，再转换到高速运行。如果将任务 1 中的接触器、按钮控制的双速电动机控制线路应用在生产机械中，当需要高速时必须进行两次操作，操作繁琐。为便于操作，在生产机械中的双速电动机中采用按钮和时间继电器自动转换控制。图 3-8 所示是按钮、时间继电器控制的双速电动机控制线路图。时间继电器 KT 控制电动机△启动时间和△/YY 的自动转换。

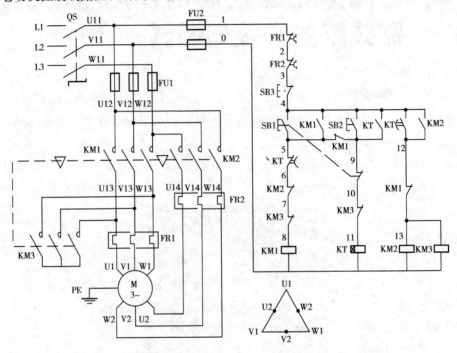

图 3-8　按钮、时间继电器控制的双速电动机控制线路图

原理分析：首先合上电源开关 QS。

**1. 低速**

按下启动按钮 SB1。

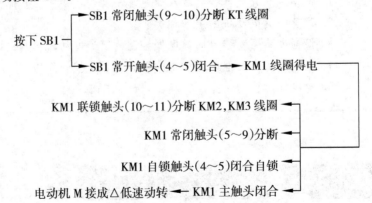

此时，电动机定子绕组 U1，V1，W1 接电源，而 U2，V2，W2 空着不接。

## 2. 高速

按下启动按钮 SB2。

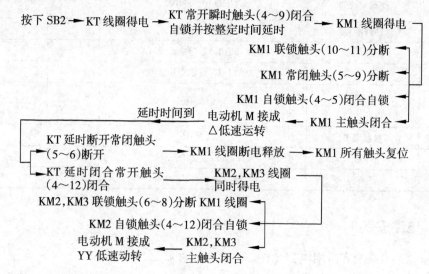

注意：延时时间的整定值根据电动机功率确定。

此时，电动机定子绕组 U2，V2，W2 接电源，而 U1，V1，W1 被接触器 KM3 短接。

## 3. 停止

只需按下停止按钮 SB3 即可。

通过上述分析可以看出，当需要电动机高速运转时，只要按下高速启动按钮 SB2，电动机就可以经低速启动后自动切换到高速。

# 实践操作

## 一、所需的工具、材料

1）所需工具包括常用电工工具、万用表、转速表等。

2）所需材料见表 3-3。

表 3-3　电器元件明细

| 图上代号 | 元件名称 | 型号规格 | 数量 | 备注 |
|---|---|---|---|---|
| M | 三相交流异步电动机 | YD112M-4/2，3.3/4kW<br>△/YY 接法，380V，7.4/8.6A，1440/2890r/min | 1 | |
| QS | 转换开关 | HZ10-25/3 | 1 | |
| FU1 | 熔断器 | RL1-60/25A | 3 | |
| FU2 | 熔断器 | RL1-15/2A | 2 | |

（续）

| 图上代号 | 元件名称 | 型号规格 | 数　量 | 备　注 |
|---|---|---|---|---|
| KM1，KM2，KM3 | 交流接触器 | CJ10-10，380V | 3 | |
| KT | 热继电器 | JS7-2A，380V | 1 | |
| FR1 | 热继电器 | JR36-20/3，整定电流 7.4A | 1 | |
| FR2 | 热继电器 | JR36-20/3，整定电流 8.6A | 1 | |
| SB1，SB2，SB3 | 启动按钮 | LA10-3H | 1 | 绿色/黑色 |
| | 停止按钮 | | | 红色 |
| | 接线端子 | JX2-Y010 | 2 | |
| | 导线 | 1.5mm², 2.5mm² | 若干 | |
| | 开关板 | 木制，500mm×400mm | 1 | |

## 二、电路安装

1）根据表 3-3 配齐所用电器元件，并检查元件质量。

2）根据图 3-8 画出元件布置图，如图 3-9 所示。

3）根据元件布置图安装元件、安装线槽，各元件的安装位置应整齐、匀称、间距合理。

4）布线。布线时以接触器为中心，由里向外、由低至高，先电源电路、再控制电路、后主电路进行，以不妨碍后续布线为原则。同时，布线应层次分明，不得交叉。布线完成后如图 3-10 所示。

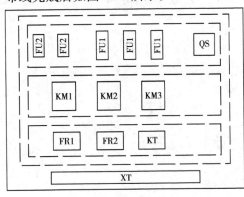

图 3-9　元件布置图

图 3-10　布线完成后的控制板

5）连接电动机和按钮金属外壳的保护接地线。

6）连接电动机和电源。

7）整定热继电器。

8）整定时间。

9）检查。通电前，应认真检查有无错接、漏接造成不能正常运转或短路事故的现象。

10）通电试车。试车时，注意观察接触器情况。观察电动机运转是否正常，若有异常现象应马上停车。

11）用转速表测量电动机的转速。

12）试车完毕，应遵循停转、切断电源、拆除三相电源线、拆除电动机线的顺序。

## 巩固训练

### 一、任务要求

1）识读图 3-8 所示控制线路的工作原理。

2）按表 3-3 配齐所有元件，并进行质量检查，将检查情况记入表 3-4 中。

表 3-4　元器件清单

| 元件名称 | 型号规格 | 数　量 | 是否适用 |
|---|---|---|---|
| 转换开关 |  |  |  |
| 熔断器 |  |  |  |
| 交流接触器 |  |  |  |
| 热继电器 |  |  |  |
| 按钮 |  |  |  |

3）在规定时间内独立完成图 3-8 所示控制线路的安装，并根据工艺要求进行调试。

4）检修调试过程中出现的故障。

5）测量转速，并将测量数据记入表 3-5 中。

表 3-5　双速电动机转速数据

|  | 铭牌转速/（r/min） | 测量转速/（r/min） | 误差/（r/min） |
|---|---|---|---|
| 低速（△） |  |  |  |
| 高速（YY） |  |  |  |

### 二、注意事项

1）接线时，注意接触器 KM1，KM2 在两种转速下电源相序的改变，不能接错，否则会造成两种转速下电动机的转向相反，换向时将产生很大的冲击电流。

2）接触器 KM1，KM2 的主触头不能对换接线，否则不但无法实现双速控制的要求，而且会造成短路事故。

3）由于电动机在两种转速下功率不同，所以热继电器 FR1，FR2 在主电路中的接线不能错，整定电流值也不能错。

4）要求延时时间调整为 3s。

5）电动机接线时，注意电动机接线柱上的标识，以免接线错误。

6）控制板外配线必须加以防护，以确保安全。

7）电动机及按钮金属外壳必须保护接地。

8）转速表压在电动机的转轴上测量转速时的力度要适当。

9）通电试车、调试及检修时，必须在指导教师的监护和允许下进行。

10）要做到安全操作和文明生产。

### 三、额定工时

额定工时为 120min。

### 四、评分

评分细则见评分表。

## 学习检测

**"时间继电器控制的双速电动机动控制线路的安装"技能自我评分表**

| 项　　目 | 技术要求 | 配　　分 | 评分细则 | 评分记录 |
|---|---|---|---|---|
| 安装前检查 | 正确无误检查所需元件 | 5 | 电器元件漏检或错检，每个扣1分 | |
| 安装元件 | 按布置图合理安装元件 | 15 | 不按布置图安装，扣3分<br>元件安装不牢固，每个扣0.5分<br>元件安装不整齐、不合理，扣2分<br>损坏元件，每个扣10分 | |
| 布线 | 按控制接线图正确接线 | 40 | 不按控制线路图接线，扣10分<br>线槽内导线交叉超过3处，扣3分<br>线槽对接处不成90°，每处扣1分<br>接点松动，露铜过长，反圈、压绝缘层，标记线号不清楚、遗漏或误标，每处扣0.5分 | |
| | | | 损伤导线，每处扣1分 | |
| 通电试车 | 正确整定元件，检查无误，通电试车一次成功 | 40 | 热继电器未整定或错误，扣5分 | |
| | | | 熔体选择错误，每组扣5分 | |
| | | | 时间未整定或错误，每个扣5分 | |
| | | | 测量转速方法不正确，扣5分 | |
| | | | 试车不成功，每返工一次扣5分 | |
| 定额工时120min | 超时，此项从总分中扣分 | | 每超过5min，从总分中倒扣3分，但不超过10分 | |
| 安全、文明生产 | 按照安全、文明生产要求 | | 违反安全、文明生产，从总分中倒扣5分 | |

## 知识探究

从三相异步电动机转速公式 $n = 60f/p(1-S)$ 可见，改变供电频率 $f$、电动机的极对数 $p$ 及转差率 $S$ 均可达到改变转速的目的。从调速的本质来看，不同的调速方式无非是分为改变交流电动机的同步转速或不改变同步转速两大类七种调速方式。

### 一、变极调速方法

变极调速的特点：

1）具有较硬的机械特性，稳定性良好。

2）无转差损耗，效率高。

3）接线简单、控制方便、价格低。

4）有级调速，级差较大，不能获得平滑调速。

5）可以与调压调速、电磁转差离合器配合使用，获得较高效率的平滑调速特性。

本方法适用于不需要无级调速的生产机械，如金属切削机床、升降机、起重设备、风机、水泵等。

### 二、变频调速方法

变频调速是改变电动机定子电源的频率、从而改变其同步转速的调速方法。变频调速系统的主要设备是提供变频电源的变频器，变频器可分成交流-直流-交流变频器和交流-交流变频器两大类，目前国内大都使用交-直流-交变频器，其特点是：

1）效率高，调速过程中没有附加损耗。

2）应用范围广，可用于笼形异步电动机。

3）调速范围大、运行平稳、精度高。

4）技术复杂，造价高，维护、检修困难。

本方法适用于要求精度高、调速性能较好的场合。

### 三、串级调速方法

串级调速是指在绕线式电动机转子回路中串入可调节的附加电势来改变电动机的转差，达到调速目的的方法。大部分转差功率被串入的附加电势所吸收，再利用产生附加电势的装置把吸收的转差功率返回电网或转换能量加以利用。根据转差功率吸收利用方式，串级调速可分为电机串级调速、机械串级调速及晶闸管串级调速等形式，目前多采用晶闸管串级调速，其特点为：

1）可将调速过程中的转差损耗回馈到电网或生产机械上，效率较高。

2）装置容量与调速范围成正比，投资省，适用于调速范围在额定转速的 70%～90%的生产机械。

3）调速装置发生故障时可以切换至全速运行，避免停产。

4）晶闸管串级调速功率因数偏低，谐波影响较大。

本方法适合于风机、水泵及轧钢机、矿井提升机、挤压机等。

## 四、绕线式电动机转子串电阻调速方法

绕线式异步电动机转子串入附加电阻，使电动机的转差率增大，电动机在较低的转速下运行。串入的电阻越大，电动机的转速越低。此方法设备简单、控制方便，但转差功率以发热的形式消耗在电阻上。这种方法属于有级调速，电动机机械特性较软。

## 五、定子调压调速方法

当改变电动机的定子电压时，可以得到一组不同的机械特性曲线，从而获得不同转速。由于电动机的转矩与电压平方成正比，因此最大转矩下降很多，其调速范围较小，使一般鼠笼式电动机难以应用。为了扩大调速范围，调压调速应采用转子电阻值大的鼠笼式电动机，如专供调压调速用的力矩电动机，或者在绕线式电动机上串联频敏电阻。为了扩大稳定运行范围，当调速在2∶1以上的场合应采用反馈控制，以达到自动调节转速的目的。

调压调速的主要装置是一个能提供电压变化的电源，目前常用的调压方式有串联饱和电抗器、自耦变压器以及晶闸管调压等几种，晶闸管调压方式效果最佳。调压调速的特点是：

1）调压调速线路简单，易实现自动控制。

2）调压过程中转差功率以发热形式消耗在转子电阻中，效率较低。

调压调速一般适用于100kW以下的生产机械。

## 六、电磁调速电动机调速方法

电磁调速又叫转差调速，电磁调速电动机由鼠笼式电动机、电磁转差离合器和直流励磁电源（控制器）三部分组成。直流励磁电源功率较小，通常由单相半波或全波晶闸管整流器组成，改变晶闸管的导通角可以改变励磁电流的大小。

电磁转差离合器由电枢、磁极和励磁绕组三部分组成。电枢和励磁绕组没有机械联系，都能自由转动。电枢与电动机转子同轴连接，称之为主动部分，它由电动机带动；磁极用联轴节与负载轴对接、称之为从动部分。

当励磁绕组通入直流，则沿气隙圆周表面将形成若干对N，S极性交替的磁极，其磁通经过电枢。当电枢随拖动电动机旋转时，由于电枢与磁极间相对运动，因而使电枢感应产生涡流。此涡流与磁通相互作用产生转矩，带动有磁极的转子按同一方向旋转，改变转差离合器的直流励磁电流便可改变离合器的输出转矩和转速。电磁调速电动机的调速特点是：

1）装置、结构及控制线路简单、运行可靠、维修方便。

2）调速平滑、无级调速。

3）对电网无谐波影响。

4）速度丢失大、效率低。

本方法适用于中、小功率，要求平滑动、短时、低速运行的生产机械。

## 七、液力耦合器调速方法

液力耦合器是一种液力传动装置，它一般由泵轮和涡轮组成，它们统称工作轮，放在密封壳体中。壳中充入一定量的工作液体，当泵轮在原动机带动下旋转时，处于其中的液体受叶片推动而旋转，液体在离心力作用下沿着泵轮外环进入涡轮时，就在同一转向上给涡轮叶片以推力，使其带动生产机械运转。液力耦合器的动力转输能力与壳内相对充液量的大小是一致的。在工作过程中，改变充液率就可以改变耦合器的涡轮转速，达到无级调速，其特点为：

1）功率适应范围大，可满足从几十千瓦至数千千瓦不同功率的需要。

2）结构简单，工作可靠，使用及维修方便，造价低。

3）尺寸小、容量大。

4）控制、调节方便，容易实现自动控制。

本方法适用于风机、水泵的调速。

### ▌思考与练习

1. 在图 3-8 中，为什么按钮 SB2 不采用联锁？

2. 在图 3-8 中，如果 KT 的延时断开的常闭触头始终不断开，会出现什么现象？

3. 在图 3-8 中，如果将 KM3 接到 U2，V2，W2 之间会出现什么现象？

### ▌知识链接

与本任务相关的知识可参阅以下图书或网站：

1.《电力拖动控制线路与技能训练》（科学出版社，田建苏等主编）

2.《工厂电气控制》（机械工业出版社，愈艳、金国砥主编）

3.《电机与变压器》（中国劳动社会保障出版社，李学炎主编）

4. www.abb-jchr.com

# 项目4

## 绕线式电动机控制系统的安装、调试及故障处理

### 教学目标

1. 使学生了解绕线式电动机控制线路的工作原理。
2. 使学生会识读绕线式电动机控制线路原理图。
3. 通过实训使学生能独立完成绕线式电动机控制线路的安装与调试。
4. 使学生会处理通电试车中出现的故障。

### 安全规范

1. 穿戴好安全防护用具，严禁穿凉鞋、背心、短裤、裙装进入实训场地。
2. 使用绝缘工具，并认真检查工具绝缘是否良好。
3. 停电作业时，必须先验电确认无误后方可工作。
4. 带电作业时必须在教师的监护下进行。
5. 树立安全和文明生产意识。

### 技能要求

1. 学会绕线式异步电动机控制线路的分析。
2. 掌握绕线式异步电动机控制系统的线路的安装与调试。
3. 会选用电器元件和导线。
4. 能排除电气控制线路的一般故障。
5. 认识并会识读相关电器元件的图形符号和文字符号。

## 任务 1 转子绕组串联电阻启动的自动控制线路的安装与调试

**场景描述**

1. 在实训室中进行转子绕组串联电阻启动的自动控制线路的安装与调试。

2. 实训室条件：YL-WX-Ⅱ型实训台或工作台（见下图）、必要的元器件、导线、开关板、常用工具及多媒体课件等。

**任务目标**

1. 识读转子绕组串联电阻启动的自动控制线路的工作原理。

2. 了解绕线转子电动机及其启动电阻计算。

3. 掌握绕线转子电动机的接线。

4. 根据线路图安装转子绕组串联电阻启动的自动控制线路。

5. 正确调试转子绕组串联电阻启动的自动控制线路。

6. 对线路出现的故障能正确、快速地排除。

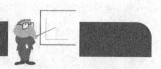

**工作任务**

三相绕线式交流异步电动机的优点是可以通过滑环在转子绕组中串接电阻来改善电

动机的机械特性,从而达到减小启动电流、增大启动转矩以及平滑调速的目的。在实际生产中对要求启动转矩大、又能平滑调速的场合,常采用三相绕线转子异步电动机。

三相绕线式异步电动机串接在三相转子回路中的启动电阻一般都接成 Y 形。在启动前,启动电阻全部接入电路,以减小启动电流,获得较大的启动转矩。启动过程中,随着电动机转速升高,电阻被逐段地短接。启动完毕后,电阻被全部短接,电动机在额定状态下运行。图 4-1 所示是转子绕组串联电阻启动的自动控制线路图。

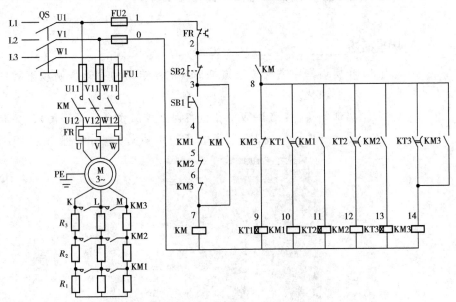

图 4-1　转子绕组串联电阻启动的自动控制线路图

原理分析:首先合上电源开关 QS。

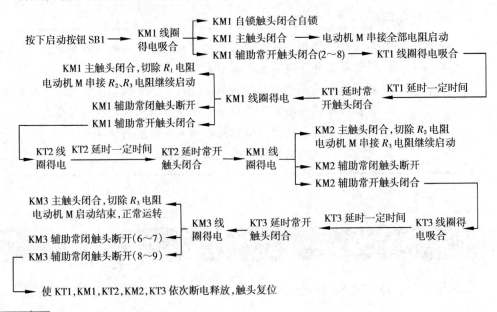

与启动按钮串接的接触器 KM1，KM2，KM3 辅助常闭触头的作用是保证电动机在转子绕组中接入全部外加电阻的条件下才能启动。

停止，只需按下停止按钮 SB2 即可。

## 实践操作

### 一、所需的工具、材料

1）所需工具包括常用电工工具、万用表等。

2）所需材料见表 4-1。

表 4-1　电器元件明细

| 图上代号 | 元件名称 | 型号规格 | 数　量 | 备　注 |
|---|---|---|---|---|
| M | 绕线式异步电动机 | YZR132M1-6，2.2kW，Y 接法，定子电压 380V，电流 6.1A；转子电压 132V，电流 12.6A；908r/min | 1 | |
| QS | 转换开关 | HZ10-25/3 | 1 | |
| FU1 | 熔断器 | RL1-60/25A | 3 | |
| FU2 | 熔断器 | RL1-15/2A | 2 | |
| KM1，KM2，KM3，KM4 | 交流接触器 | CJ10-20，380V | 4 | |
| FR | 热继电器 | JR36-20/3，整定电流 6.1A | 1 | |
| $R_1$，$R_2$，$R_3$ | 启动电阻器 | ZX-3.7Ω，2.1Ω，1.2Ω | 各 1 | |
| SB1，SB2 | 启动按钮 | LA10-2H | 1 | 绿色 |
| | 停止按钮 | | | 红色 |
| | 接线端子 | JX2-Y010 | 3 | |
| | 导线 | BVR-2.5mm²，1mm² | 若干 | |
| | 塑料线槽 | 40mm×40mm | 5m | |
| | 冷压接头 | 2.5mm²，1mm² | 若干 | |
| | 异型管 | 1.5mm² | 若干 | |
| | 开关板 | 木制，500mm×400mm | 1 | |

### 二、电路安装

1）根据表 4-1 配齐所用电器元件，并检查元件质量。

2）根据图 4-1 画出元件布置图，如图 4-2 所示。

3）根据元件布置图安装元件、安装线槽，各元件的安装位置应整齐、匀称、间距合理。

4）布线。布线时以接触器为中心，由里向外、由低至高，先电源电路、再控制电路、后主电路进行，以不妨碍后续布线为原则。同时，布线应层次分明，不得交叉。

布线完成后如图 4-3 所示。

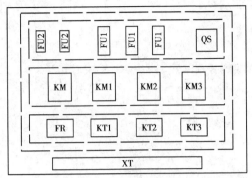

图 4-2 元件布置图

图 4-3 布线完成后的控制板

5）安装、连接电阻器。

① 电阻器之间牢固紧定后进行连接，如图 4-4 所示。

② 连接电阻器 $R_1$，如图 4-5 所示。

③ 连接电阻器 $R_2$，如图 4-6 所示。

④ 连接电阻器 $R_3$，如图 4-7 所示。

图 4-4 电阻器固定连接

图 4-5 连接电阻器 $R_1$

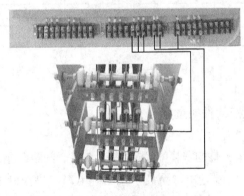

图 4-6 连接电阻器 $R_2$

图 4-7 连接电阻器 $R_3$

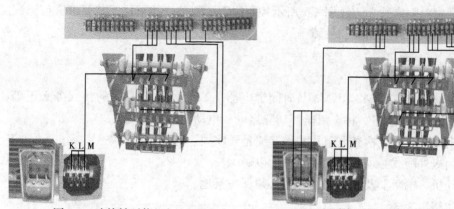

图 4-8　连接转子绕组与电阻器　　　　图 4-9　连接定子绕组

⑤ 连接转子绕组 K，L，M 与电阻器，如图 4-8 所示。

⑥ 连接定子绕组，如图 4-9 所示。

6）连接电动机、电阻器和按钮金属外壳的保护接地线。

7）连接电源。

8）整定时间继电器、热继电器。

9）检查。通电前，应认真检查有无错接、漏接造成不能正常运转或短路事故的现象。

10）通电试车。试车时，注意观察接触器情况。观察电动机运转是否正常，若有异常现象应马上停车。

11）试车完毕，应遵循停转、切断电源、拆除三相电源线、拆除电动机定子绕组线和转子绕组线的顺序。

## 巩固训练

### 一、任务要求

1）识读图 4-1 所示控制线路的工作原理。

2）按表 4-1 配齐所有元件，并进行质量检查，将检查情况记入表 4-2 中。

表 4-2　元器件清单

| 元件名称 | 型号规格 | 数　量 | 是否适用 |
|---|---|---|---|
| 转换开关 | | | |
| 熔断器 | | | |
| 交流接触器 | | | |
| 热继电器 | | | |
| 时间继电器 | | | |
| 电阻器 | | | |
| 按钮 | | | |

3）在规定时间内独立完成图 4-1 所示控制线路的安装，并根据工艺要求进行调试。

4）检修调试过程中出现的故障。

## 二、注意事项

1）接触器 KM1，KM2，KM3 与时间继电器 KT1，KT2，KT3 的接线务必正确，否则会造成按下启动按钮、将电阻全部切除启动、电动机过流的现象。

2）电阻器接线前应检查电阻片的连接线是否牢固、有无松动现象。

3）控制板外配线必须套管加以防护，以确保安全。

4）电动机、电阻器及按钮金属外壳必须保护接地。

5）时间整定为 3s。

6）通电试车、调试及检修时，必须在指导教师的监护和允许下进行。

7）电动机旋转时，注意转子滑环与电刷之间的火花，如果火花大或滑环有灼伤痕迹，应立即停车检查。

8）电阻器必须采取遮护或隔离措施，以防止发生触点事故。

9）要做到安全操作和文明生产。

## 三、额定工时

额定工时为 120min。

## 四、评分

评分细则见评分表。

▌学习检测 ━━━━━━━━━━━━━━━

**"转子绕组串联电阻启动的自动控制线路的安装"技能自我评分表**

| 项　　目 | 技术要求 | 配　　分 | 评分细则 | 评分记录 |
|---|---|---|---|---|
| 安装前检查 | 正确无误检查所需元件 | 5 | 电器元件漏检或错检，每个扣 1 分 | |
| 安装元件 | 按布置图合理安装元件 | 15 | 不按布置图安装，扣 3 分<br>元件安装不牢固，每个扣 0.5 分<br>元件安装不整齐、不合理，扣 2 分<br>损坏元件，每个扣 10 分 | |
| 布线 | 按控制接线图正确接线 | 40 | 不按控制线路图接线，扣 10 分<br>线槽内导线交叉超过 3 处，扣 3 分<br>线槽对接处不成 90°，每处扣 1 分<br>接点松动，露铜过长，反圈，压绝缘层，标记线号不清楚、遗漏或误标，每处扣 0.5 分<br>损伤导线，每处扣 1 分 | |

| 项　　目 | 技术要求 | 配　　分 | 评分细则 | 评分记录 |
|---|---|---|---|---|
| 通电试车 | 正确整定元件，检查无误，通电试车一次成功 | 40 | 热继电器未整定或错误，扣 5 分<br>熔体选择错误，每组扣 5 分<br>电阻器连接不正确，每处扣 5 分<br>时间继电器未整定或错误，扣 5 分<br>试车不成功，每返工一次扣 5 分 | |
| 定额工时<br>120min | 超时，此项从总分中扣分 | | 每超过 5min，从总分中倒扣 3 分，但不超过 10 分 | |
| 安全、文明<br>生产 | 按照安全、文明生产要求 | | 违反安全、文明生产，从总分中倒扣 5 分 | |

## 知识探究

### 一、绕线式电动机和鼠笼式电动机的区别

三相异步电动机由定子和转子两个基本部分组成。定子是电动机的固定部分，用于产生旋转磁场，它主要由定子铁芯、定子绕组和基座等部件组成。转子是电动机的转动部分，它由转子铁芯、转子绕组和转轴等部件组成，其作用是在旋转磁场作用下获得转动力矩。转子按其结构的不同分为鼠笼式转子和绕线式转子。

鼠笼式转子用铜条安装在转子铁芯槽内，两端用端环焊接，形状像鼠笼。

绕线式电动机转子的绕组和定子的绕组相似，三相绕组连接成星形，三根端线连接到装在转轴上的三个铜滑环上，通过一组电刷与外电路相连接，如图 4-10 所示。

图 4-10　绕线式电动机转子

### 二、绕线式电动机的对称启动电阻计算

（1）计算转子额定电阻

$$R = \frac{U_2}{1.73I_2}(\Omega)$$

式中，$U_2$——转子电压，V；

　　$I_2$——转子电流，A。

（2）计算转子每相的内电阻

$$r = SR\frac{n_1 - n}{n_1}R(\Omega)$$

式中，$S$——转差率；

$n_1$——同步转速；

$n$——电动机额定转速。

（3）电动机额定力矩计算

$$M_e = \frac{9555P_e}{n}$$

式中，$M_e$——电动机额定力矩，N·m；

$P_e$——电动机额定容量，kW。

（4）电动机最大启动力矩与额定力矩之比 $M_x$

$$M_x = \frac{M_{max}}{M_e}$$

式中，$M_{max}$——最大启动力矩，N·m；

$M_x \leqslant 2M_e$。

（5）确定启动电阻级数 $m$

启动电阻级数如表4-3所示。

表4-3 启动电阻级数

| 电动机容量/kW | 手动控制操纵 | 接触器操纵 | 备 注 |
|---|---|---|---|
| 2.5以下 | 2 | 1 | |
| 3.5～7.5 | 2～3 | 1～2 | |
| 11～18.5 | 2～3 | 2～3 | |
| 22～33 | 3～4 | 2～3 | 容量大时选取大值 |
| 37～55 | 3～4 | 3～4 | |
| 60～92 | 4～5 | 4 | |
| 100～200 | 4～5 | 5 | |

（6）计算最大启动力矩与切换力矩之比

$$\lambda = \sqrt[m]{\frac{1}{SM_x}}$$

式中，$\lambda$——最大启动力矩与切换力矩之比。

（7）各级电阻计算

第一级电阻 $r_1 = r(\lambda - 1)$（Ω）（相当于图4-1中的 $R_3$）。

第二级电阻 $r_2 = r_1\lambda$（Ω）（相当于图4-1中的 $R_2$）。

第三级电阻 $r_3 = r_2\lambda$（Ω）（相当于图4-1中的 $R_1$）。

以此类推，切除电阻时，$r_1$最后切除。

例如：JZR51-8 绕线式电动机，功率 22kW，转速 723r/min，转子电压 197V，转子电流70.5A，现要求该电动机启动时最大转矩为额定转矩的两倍，试计算启动电阻的有关数据。

解：

1) 计算转子额定电阻。

$$R = \frac{U_2}{1.73I_2} = \frac{197}{1.73 \times 70.5} = 1.63\Omega$$

2) 计算转子每相内阻。

$$r = \frac{n_1 - n}{n_1}R = \frac{750 - 723}{750} \times 1.63 = 0.059\Omega$$

3) 计算额定转矩。

$$M_e = \frac{9555P_e}{n} = \frac{9555 \times 22}{723} = 290.7\text{N} \cdot \text{m}$$

4) 确定最大转矩。取

$$M_{max} = 2M_e$$

$$M_x = \frac{M\,max}{M_e} = 2$$

5) 确定电阻级数。由表4-3，选 $m = 3$。

6) 求力矩比。

$$\lambda = \sqrt[m]{\frac{1}{SM_x}} = \sqrt[3]{\frac{1}{0.036 \times 2}} = \sqrt[3]{13.9} = 2.4$$

7) 各级电阻计算。

第一级电阻 $r_1 = r(\lambda - 1) = 0.059 \times (2.4 - 1) = 0.083\Omega$。

第二级电阻 $r_2 = r_1\lambda = 0.083 \times 2.4 = 0.2\Omega$。

第三级电阻 $r_3 = r_2\lambda = 0.2 \times 2.4 = 0.48\Omega$。

## 三、绕线式电动机的不对称启动电阻计算

根据经验计算不对称电阻值。

(1) 计算转子额定电阻

$$R = \frac{U_2}{1.73I_2}(\Omega)$$

(2) 计算各级电阻

$$r_1 = R \times 277\%(\Omega)$$
$$r_2 = R \times 171\%(\Omega)$$
$$r_3 = R \times 64\%(\Omega)$$
$$r_4 = R \times 128\%(\Omega)$$
$$r_5 = R \times 234\%(\Omega)$$

切除电阻时按 $r_5$—$r_1$ 的顺序切除。

### 思考与练习

1. 图 4-1 中，接触器 KM 不能启动，试分析故障原因。
2. 根据本任务例题中提供的数据计算不对称电阻。
3. 若图 4-1 要求实现正、反转，则线路怎样改进？

### 知识链接

与本任务相关的知识可参阅以下图书：

1.《电力拖动控制线路与技能训练》（科学出版社，田建苏等主编）
2.《工厂电气控制》（机械工业出版社，愈艳、金国砥主编）
3.《电机与变压器》（中国劳动社会保障出版社，李学炎主编）

## 任务 2　转子绕组凸轮控制器的控制线路的安装与调试

### 场景描述

1. 在实训室中进行转子绕组凸轮控制器的控制线路的安装与调试。
2. 实训室条件：YL-WX-Ⅱ型实训台或工作台、必要的元器件、导线、开关板、常用工具及多媒体课件等。

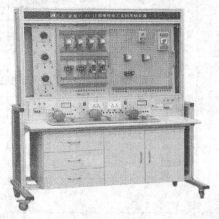

### 任务目标

1. 识读转子绕组凸轮控制器的控制线路的工作原理。
2. 了解凸轮控制器和过流继电器。
3. 掌握不对称电阻与凸轮控制和电动机的接线。
4. 根据线路图安装转子绕组凸轮控制器的控制线路。
5. 正确调试凸轮控制器的控制线路。
6. 对线路出现的故障能正确、快速地排除。

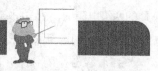

### 工作任务

容量不大的三相绕线式交流异步电动机常采用转子绕组回路中串联不对称电阻，

凸轮控制器来实现启动、调速及正反转控制的控制方式，桥式起重机中大部分采用这种控制线路。图 4-11 （a）所示是转子绕组凸轮控制器的控制线路图。

主电路中的过流继电器 KA1，KA2 作为电动机的过载保护；接触器 KM 控制电动机的通断，并兼有欠压、失压保护；R 为不对称电阻；AC 为凸轮控制器，其触头分合情况如图 4-11 （b）所示。

原理分析：首先将凸轮控制器 AC 置于"0"位，此时凸轮控制器 AC 的三对触头 AC10～AC12 闭合，为控制电路的工作做好准备。然后合上电源开关 QS，按下启动按钮 SB1，接触器 KM 线圈得电并自锁，主触头接通主电路电源，为电动机启动做好准备。

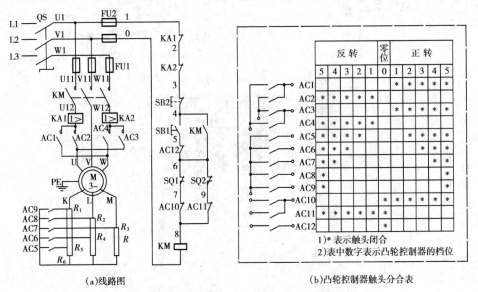

| | 反转 | | | | | 零位 | 正转 | | | | |
|---|---|---|---|---|---|---|---|---|---|---|---|
| | 5 | 4 | 3 | 2 | 1 | 0 | 1 | 2 | 3 | 4 | 5 |
| AC1 | | | | | | | * | * | * | * | * |
| AC2 | * | * | * | * | * | | | | | | |
| AC3 | | | | | | | | * | * | * | * |
| AC4 | * | * | * | * | | | | | | | |
| AC5 | * | * | * | * | | | | * | * | * | * |
| AC6 | * | * | * | | | | | | * | * | * |
| AC7 | * | * | | | | | | | | * | * |
| AC8 | * | | | | | | | | | | * |
| AC9 | * | | | | | | | | | | |
| AC10 | | | | | | | * | * | * | * | * |
| AC11 | * | * | * | * | * | | | | | | |
| AC12 | | | | | | * | | | | | |

1）* 表示触头闭合
2）表中数字表示凸轮控制器的档位

（a）线路图　　　　　　　　　　　　　（b）凸轮控制器触头分合表

图 4-11　转子绕组凸轮控制器的控制线路图

## 1. 正转

将凸轮控制器 AC 的手轮转到正转"1"位，这时凸轮控制器的触头 AC11 和 AC12 断开，而 AC10 仍然闭合，保持接触器 KM 线圈得电（此时接触器线圈由 $1^{\#}$，KA1，KA2，SB2、接触器 KM 的自锁触头、SQ1、AC10、接触器 KM 线圈、$0^{\#}$ 构成闭合回路），凸轮控制器的触头 AC1，AC3 闭合，接通电动机 M 定子绕组正转电源，由于凸轮控制器的触头 AC5～AC9 还处于断开，转子绕组串接全部电阻 R 正向启动。

当凸轮控制器 AC 的手轮转到正转"2"位，AC5 闭合，切除电阻器 R 的一级电阻 $R_5$，电动机 M 正转加速，再将手轮依次转到"3"、"4"位，AC6，AC7 闭合，切除电阻器 R 的两级电阻 $R_4$，$R_3$，电动机继续加速。当手轮转到"5"位时，AC8，AC9 同时闭合，切除电阻器 R 的电阻 $R_2$，$R_3$，此时电阻器 R 的全部电阻被切除，电动机启动完毕全速正转。

在后级触头闭合时，前级闭合的触头仍然保持闭合状态，如图 4-11 （b）中触头分合表所示。

## 2. 反转

将凸轮控制器 AC 的手轮转到反转"1"位，这时凸轮控制器的触头 AC10 和 AC12 断开，而 AC11 仍然闭合，保持接触器 KM 线圈得电（此时接触器线圈由 1#、KA1，KA2、SB2、接触器 KM 的自锁触头、SQ2，AC11、接触器 KM 线圈、2#构成闭合回路），凸轮控制器的触头 AC2，AC4 闭合，接通电动机 M 定子绕组反转电源，由于凸轮控制器的触头 AC5～AC9 还处于断开，转子绕组串接全部电阻 R 反向启动。

当凸轮控制器 AC 的手轮转到反转"2"位，AC5 闭合，切除电阻器 R 的一级电阻 $R_5$，电动机 M 反转加速，再将手轮依次转到"3"、"4"位，AC6，AC7 闭合，切除电阻器 R 的两级电阻 $R_4$，$R_3$，电动机继续加速。当手轮转到"5"位时，AC8，AC9 同时闭合。切除电阻器 R 的电阻 $R_2$，$R_3$，此时电阻器 R 的全部电阻被切除，电动机启动完毕全速反转。

## 3. 停止

不管是电动机在正转还是反转状态，正常停止时应将凸轮控制器 AC 的手轮依次逐级退回到"0"位。遇到紧急状态停止，立即按下停止按钮 SB2。

图 4-11（a）中的 SQ1 和 SQ2 是作为终端保护的。凸轮控制器 AC 的三对触头 AC10，AC11，AC12 除在"0"时同时闭合，在其他档位时只能一对触头闭合，其目的是保证凸轮控制器 AC 必须置于"0"位时才能使接触器 KM 线圈得电吸合，然后通过凸轮控制器 AC 使电动机逐级启动，避免电动机直接启动快速运转产生意外事故。

# 实践操作

## 一、所需的工具、材料

1）所需工具包括常用电工工具、万用表等。

2）所需材料见表 4-4。

**表 4-4　电器元件明细**

| 图上代号 | 元件名称 | 型号规格 | 数　量 | 备　注 |
|---|---|---|---|---|
| M | 绕线式异步电动机 | YZR132M1-6，2.2kW，Y 接法，定子电压 380V，电流 6.1A；转子电压 132V，电流 12.6A；908r/min | 1 | |
| QS | 转换开关 | HZ10-25/3 | 1 | |
| FU1 | 熔断器 | RL1-60/25A | 3 | |
| FU2 | 熔断器 | RL1-15/2A | 2 | |
| KM | 交流接触器 | CJ10-10，380V | 1 | |
| KA1，KA2 | 过流继电器 | JL12-10 | 2 | |

| 图上代号 | 元件名称 | 型号规格 | 数 量 | 备 注 |
|---|---|---|---|---|
| $R$ | 电阻器 | RT12-6/1B，2.2kW | 1 | |
| AC | 凸轮控制器 | KTJ1-50/2 | 1 | |
| SQ1，SQ2 | 行程开关 | JLXK1-111 | 2 | |
| SB1，SB2 | 启动按钮 | LA10-2H | 1 | 绿色 |
| | 停止按钮 | | | 红色 |
| | 接线端子 | JX2-Y010 | 2 | |
| | 导线 | BV-2.5mm²，BVR-1mm² | 若干 | |
| | 冷压接头 | 1mm² | 若干 | |
| | 异型管 | 1.5mm² | 若干 | |
| | 开关板 | 木制，500mm×400mm | 1 | |

## 二、电路安装

1）根据表 4-4 配齐所用电器元件，并检查元件质量。

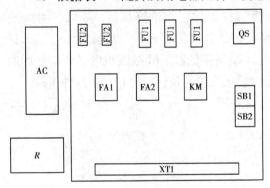

图 4-12　元件布置图

2）根据图 4-11 画出元件布置图，如图 4-12 所示。

3）根据元件布置图安装元件，各元件的安装位置应整齐、匀称、间距合理、便于元件的更换。元件紧固时用力均匀、紧固程度适当。

4）布线。布线时以接触器为中心，由里向外、由低至高，先控制线路、后主电路进行，以不妨碍后续布线为原则。布线完成后如图 4-13 所示。

5）安装并连接行程开关，如图 4-14 所示（实际应用中行程开关安装在设备上）。

图 4-13　布线完成后的控制板

图 4-14　安装并连接行程开关

6）安装凸轮控制器，并连接电阻器、控制板、电动机。

① 连接电阻器的 $R_6$ 与凸轮控制器的公共点，如图 4-15 所示。

② 连接电阻器的 $R_5$ 与凸轮控制器 AC5，如图 4-16 所示。

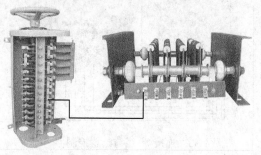

图 4-15　连接 $R_6$ 与凸轮控制器的公共点　　　　图 4-16　连接 $R_5$ 与凸轮控制器 AC5

③ 连接电阻器的 $R_4$ 与凸轮控制器 AC6，如图 4-17 所示。

④ 连接电阻器的 $R_3$ 与凸轮控制器 AC7，如图 4-18 所示。

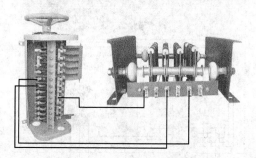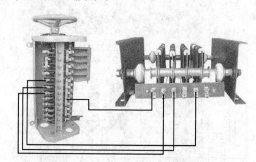

图 4-17　连接 $R_4$ 与凸轮控制器 AC6　　　　图 4-18　连接 $R_3$ 与凸轮控制器 AC7

⑤ 连接电阻器的 $R_2$ 与凸轮控制器 AC8，如图 4-19 所示。

⑥ 连接电阻器的 $R_1$ 与凸轮控制器 AC9，如图 4-20 所示。

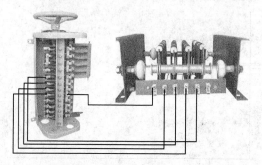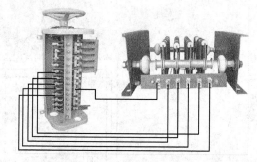

图 4-19　连接 $R_2$ 与凸轮控制器 AC8　　　　图 4-20　连接 $R_1$ 与凸轮控制器 AC9

⑦ 连接控制板的 8# 线与凸轮控制器 AC10 和 AC11 的公共点，如图 4-21 所示。

⑧ 连接控制板的 7# 线与凸轮控制器 AC10，如图 4-22 所示。

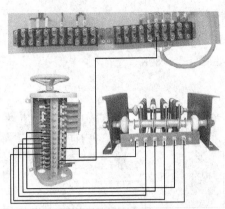

图 4-21  连接 8#线与凸轮控制器
AC10 和 AC11 的公共点

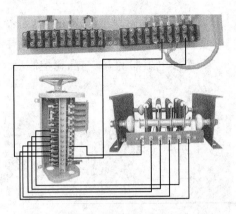

图 4-22  连接 7#线与凸轮控制器 AC10

⑨ 连接控制板的 9#线与凸轮控制器 AC11，如图 4-23 所示。

⑩ 连接控制板的 5#线与凸轮控制器 AC12，如图 4-24 所示。

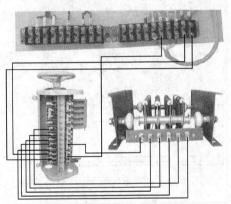

图 4-23  连接 9#线与凸轮控制器 AC11

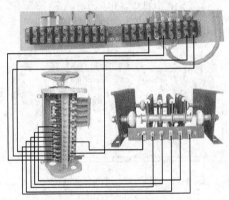

图 4-24  连接 5#线与凸轮控制器 AC12

⑪ 连接控制板的 6#线与凸轮控制器 AC12，如图 4-25 所示。

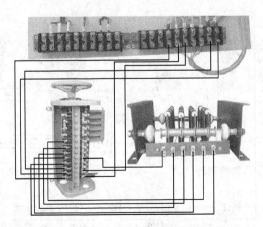

图 4-25  连接 6#线与凸轮控制器 AC12

⑫ 连接控制板的主电路与凸轮控制器，连接凸轮控制器与电动机定子绕组，如图 4-26所示。

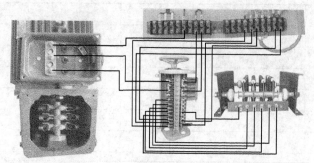

图 4-26　凸轮控制器与电动机定子绕组以及控制板主电路连接

⑬ 连接电动机转子绕组，如图 4-27 所示。

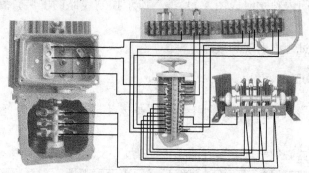

图 4-27　连接电动机转子绕组

7）连接电动机、电阻器和按钮、行程开关金属外壳的保护接地线。

8）连接电源。

9）整定过流继电器。

10）检查。通电前，应认真检查有无错接、漏接造成不能正常运转或短路事故的现象。

11）通电试车。试车时，注意观察接触器情况。观察电动机运转是否正常，若有异常现象应马上停车。

12）试车完毕，应遵循停转、切断电源、拆除三相电源线、拆除电动机定子绕组线和转子绕组线的顺序。

## ▌巩固训练

### 一、任务要求

1）识读图 4-11（a）所示控制线路的工作原理。

2）按表 4-4 配齐所有元件，并进行质量检查，将检查情况记入表 4-5 中。

表 4-5　元器件清单

| 元件名称 | 型号规格 | 数　量 | 是否适用 |
|---|---|---|---|
| 转换开关 | | | |
| 熔断器 | | | |
| 交流接触器 | | | |
| 过流继电器 | | | |
| 凸轮控制器 | | | |
| 电阻器 | | | |
| 按钮 | | | |
| 行程开关 | | | |

3）在规定时间内独立完成图 4-11（a）所示控制线路的安装，并根据工艺要求进行调试。

4）检修调试过程中出现的故障。

## 二、注意事项

1）凸轮控制器安装前，应转动手轮，检查运动系统是否灵活、触头分合顺序是否与分合表相符合。

2）凸轮控制器必须牢固安装在墙壁或支架上。

3）凸轮控制器接线务必正确，接线后必须盖上灭弧罩。

4）电阻器接线前应检查电阻片的连接线是否牢固、有无松动现象。

5）控制板外配线必须套管加以防护，以确保安全。

6）电动机、电阻器及按钮金属外壳必须保护接地。

7）通电试车、调试及检修时，必须在指导教师的监护和允许下进行。

8）启动操作凸轮控制器时，转动手轮不能太快，应逐级启动，每级之间保持至少约 1s 的时间间隔。

9）电动机旋转时，注意转子滑环与电刷之间的火花，如果火花大或滑环有灼伤痕迹，应立即停车检查。

10）电阻器必须采取遮护或隔离措施，以防止发生触电事故。

11）要做到安全操作和文明生产。

## 三、额定工时

额定工时为 120min。

## 四、评分

评分细则见评分表。

## 学习检测

**"转子绕组凸轮控制器的控制线路的安装"技能自我评分表**

| 项　目 | 技术要求 | 配　分 | 评分细则 | 评分记录 |
|---|---|---|---|---|
| 安装前检查 | 正确无误检查所需元件 | 5 | 电器元件漏检或错检，每个扣 1 分 | |
| 安装元件 | 按布置图合理安装元件 | 15 | 不按布置图安装，扣 3 分<br>元件安装不牢固，每个扣 0.5 分<br>元件安装不整齐、不合理，扣 2 分<br>损坏元件，每个扣 10 分 | |
| 布线 | 按控制接线图正确接线 | 40 | 不按控制线路图接线，扣 10 分<br>布线不美观，主电路、控制电路，每根扣 0.5 分<br>接点松动，露铜过长、反圈、压绝缘层，标记线号不清楚、遗漏或误标，每处扣 0.5 分<br>损伤导线，每处扣 1 分 | |
| 通电试车 | 正确整定元件，检查无误，通电试车一次成功 | 40 | 电流继电器未整定或错误，扣 5 分<br>熔体选择错误，每组扣 5 分<br>电阻器连接错误，扣 5 分<br>试车不成功，每返工一次扣 5 分 | |
| 定额工时 120min | 超时，此项从总分中扣分 | | 每超过 5min，从总分中倒扣 3 分，但不超过 10 分 | |
| 安全、文明生产 | 按照安全、文明生产要求 | | 违反安全、文明生产，从总分中倒扣 5 分 | |

## 知识探究

### 一、过流继电器

过流继电器主要用于频繁、重载起动的场合作为电动机的过载和短路保护。常用的过电流继电器有 JT4，JL12 及 JL14 等系列，其型号的含义如下：

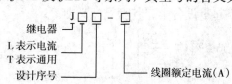

（1）外观及符号

过流继电器的外观及符号如图 4-28 所示。

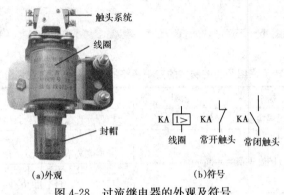

(a)外观　　　　　　　　　　　(b)符号

图4-28　过流继电器的外观及符号

（2）选用

1）过流继电器的额定电流一般可按长期工作的额定电流来选择。

2）过流继电器的种类、数量、额定电流及复位方式应满足控制线路的要求。

图4-29　过流继电器的整定

3）过流继电器的整定值一般为电动机额定电流的1.7～2倍，频繁启动场合可取2.25～2.5倍。

（3）安装与使用

1）过流继电器安装前应检查额定电流是否与实际要求相符。

2）过流继电器安装前应检查整定值是否与实际要求相符，如不相符应整定。整定时，拧下封帽，用螺丝刀调节调整螺钉，如果动作电流值过大，向顺时针方向调节，反之向逆时针方向调节，如图4-29所示。

3）安装后，在触头不通电的情况下使线圈通电操作几次，看过流继电器动作是否可靠。

4）定期检查继电器各零部件是否有松动及损坏现象，并保持触头的清洁。

## 二、凸轮控制器

凸轮控制器是利用凸轮来操作触头动作的控制器，它主要用于容量不大于30kW的中小型绕线式电动机控制线路，可实现电动机的正反转启动、停止、调速和制动，广泛应用在桥式起重机等起重设备中。其型号意义如下：

$$KTJ1 - \square / \square$$

凸轮控制器 —— 交流 —— 设计序号 —— 线路特征代号 —— 额定电流(A)

（1）凸轮控制器外观及符号

凸轮控制器的外观及符号如图4-30所示。凸轮控制器由于触头数目较多，各触头分合情况不一样，为说明触头分合情况，通常其符号与触头分合表同时出现在控制线路中。各触头符号可以分开画在控制线路所对应的控制位置，如图 4-11（a）所示。

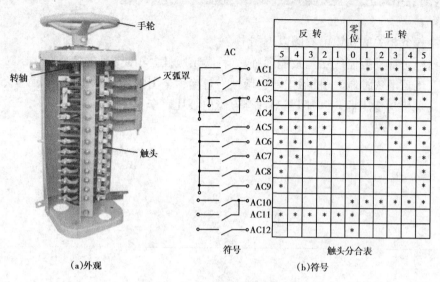

| | 反 转 | | | | | 零位 | 正 转 | | | | |
|---|---|---|---|---|---|---|---|---|---|---|---|
| AC | 5 | 4 | 3 | 2 | 1 | 0 | 1 | 2 | 3 | 4 | 5 |
| AC1 | | | | | | | * | * | * | * | * |
| AC2 | * | * | * | * | * | | | | | | |
| AC3 | | | | | | | | * | * | * | * |
| AC4 | * | * | * | * | | | | | | | |
| AC5 | * | * | | | | | | | * | * | |
| AC6 | * | * | | | | | | | | * | * |
| AC7 | * | | | | | | | | | | * |
| AC8 | * | | | | | | | | | | |
| AC9 | | | | | | | | | | | * |
| AC10 | | | | | | | * | * | | | |
| AC11 | * | * | * | * | * | | | | | | |
| AC12 | | | | | | * | | | | | |

(a)外观 　　　符号　　　　触头分合表　　　(b)符号

图 4-30　凸轮控制器的外观及符号

（2）选用

凸轮控制器主要依据所控制的电动机的容量、额定电流、额定电压、工作制（短时工作、连续工作）和控制位置数目等来选择。

（3）安装与使用

1）安装前应检查外观及零部件有无损坏。

2）安装前应转动手轮检查有无卡轧现象，次数不得少于 5 次。

3）必须牢固安装在墙壁或支架上，金属外壳必须可靠接地保护。

4）应按触头分合表和电路图的要求接线，反复检查确认无误后才能通电。

5）安装结束后，应进行空载试验。启动时若凸轮控制器转到"2"位置后电动机仍没有转动，应停止启动，检查线路。

6）启动操作时，手轮不能转动太快，每级之间保持至少约 1s 的时间间隔。

## 思考与练习

1. 如图 4-11 所示，若接触器 KM 不能启动，试分析故障原因。

2. 如图 4-11 所示，若凸轮控制器手轮转到正转"1"位，接触器 KM 立即断电释放，试分析故障原因。

3. 如图 4-11 所示，若只要转动凸轮控制器手轮，不管是正转还是反转，接触器 KM 立即断电释放，试分析故障原因。

### 知识链接

与本任务相关的知识可参阅以下图书：

1.《电力拖动控制线路与技能训练》（科学出版社，田建苏等主编）

2.《工厂电气控制》（机械工业出版社，愈艳、金国砥主编）

3.《电机与变压器》（中国劳动社会保障出版社，李学炎主编）

## 任务 3　转子绕组串联频敏变阻器的控制线路的安装与调试

**场景描述**

1. 在实训室中进行转子绕组串联频敏变阻器的控制线路的安装与调试。

2. 实训室条件：YL-WX-Ⅱ型实训台或工作台（见下图）、必要的元器件、导线、开关板、常用工具及多媒体课件等。

**任务目标**

1. 识读转子绕组串联频敏变阻器的控制线路的工作原理。

2. 了解频敏变阻器。

3. 掌握频敏变阻器和电动机的连接线。

4. 根据线路图安装转子绕组串联频敏变阻器的控制线路。

5. 正确调试转子绕组串联频敏变阻器的控制线路。

6. 对线路出现的故障能正确、快速地排除。

## 工作任务

我们从本项目的任务 1 和任务 2 可以看出，绕线式异步电动机采用转子绕组串接电阻启动，要获得良好的启动特性，需要较多的启动级数，因而使用的电器较多、控制线路复杂；同时，由于逐级切除电阻，会产生一定的机械冲击力。对于不频繁启动且不要求调速的设备，广泛采用频敏变阻器代替启动电阻器来控制绕线式异步电动机的启动。图 4-31 所示是转子绕组串联频敏变阻器的控制线路图。

线路工作原理分析：首先合上电源开关 QS，按下启动按钮 SB1，接触器 KM1 得电吸合并自锁，KM1 主触头闭合，电动机 M 转子串接频敏变阻器 RF 启动，与此同时时间继电器 KT 线圈得电吸合开始延时。

延时时间到，时间继电器 KT 的延时闭合的常开触头闭合，接触器 KM2 线圈得电吸合并自锁，KM2 辅助常闭触头断开，时间继电器 KT 线圈断电释放，KT 的触头复位，KM2 主触头闭合，切除频敏变阻器（RF），电动机 M 启动结束，正常运行。

如果要使电动机 M 停止，按下停止按钮 SB2 即可。

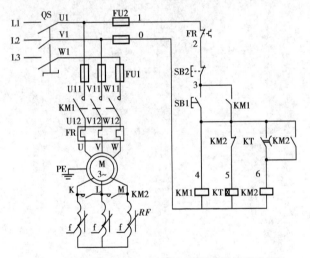

图 4-31　转子绕组串联频敏变阻器的控制线路图

## ▌实践操作

### 一、所需的工具、材料

1）所需工具包括常用电工工具、万用表、钳形电流表等。

2）所需材料见表 4-6。

表 4-6 电器元件明细表

| 图上代号 | 元件名称 | 型号规格 | 数 量 | 备 注 |
|---|---|---|---|---|
| M | 绕线式异步电动机 | YZR132M1-6，2.2kW，Y 接法，定子电压 380V，电流 6.1A；转子电压 132V，电流 12.6A；908r/min | 1 | |
| QS | 转换开关 | HZ10-25/3 | 1 | |
| FU1 | 熔断器 | RL1-60/25A | 3 | |
| FU2 | 熔断器 | RL1-15/2A | 2 | |
| KM1，KM2 | 交流接触器 | CJ10—20，380V | 2 | |
| KT | 时间继电器 | JS7-2A，380V | 1 | |
| RF | 频敏变阻器 | BP1-004/10003 | 1 | |
| SB1，SB2 | 启动按钮 | LA10-2H | 1 | 绿色 |
| | 停止按钮 | | | 红色 |
| | 接线端子 | JX2-Y010 | 2 | |
| | 导线 | BVR-2.5mm²，1mm² | 若干 | |
| | 塑料线槽 | 40mm×40mm | 5m | |
| | 冷压接头 | 2.5mm²，1mm² | 若干 | |
| | 异形管 | 1.5mm² | 若干 | |
| | 开关板 | 木制，500mm×400mm | 1 | |

## 二、电路安装

1) 根据表 4-6 配齐所用电器元件，并检查元件质量。

2) 根据图 4-31 画出元件布置图，如图 4-32 所示。

3) 根据元件布置图安装元件、安装线槽，各元件的安装位置应整齐、匀称、间距合理。

4) 布线。布线时以接触器为中心，由里向外、由低至高，先电源电路、再控制电路、后主电路进行，以不妨碍后续布线为原则。同时，布线应层次分明，不得交叉。布线完成后如图 4-33 所示。

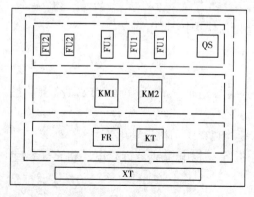

图 4-32 元件布置图

图 4-33 布线完成后的控制板

5）安装并连接频敏变阻器、控制板和电动机。

① 连接频敏变阻器与控制板，如图4-34所示。

② 连接频敏变阻器与电动机转子，如图4-35所示。

③ 连接电动机定子绕组与控制板，如图4-36所示。

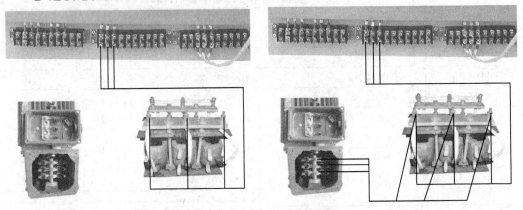

图4-34　频敏变阻器与控制板连接　　　　图4-35　频敏变阻器与电动机转子连接

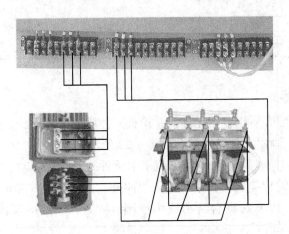

图4-36　电动机定子绕组与控制板连接

6）连接电动机、频敏变阻器和按钮金属外壳的保护接地线。

7）连接电源。

8）整定热继电器、时间继电器。

9）检查。通电前，应认真检查有无错接、漏接造成不能正常运转或短路事故的现象。

10）通电试车。试车时，用钳形电流表测量并观察电动机启动电流。

11）试车完毕，应遵循停转、切断电源、拆除三相电源线、拆除电动机定子绕组线和转子绕组线的顺序。

## 巩固训练

### 一、任务要求

1）识读图 4-31 所示控制线路的工作原理。

2）按表 4-6 配齐所有元件，并进行质量检查，将检查情况记入表 4-7 中。

**表 4-7　元器件清单**

| 元件名称 | 型号规格 | 数　量 | 是否适用 |
|---|---|---|---|
| 转换开关 | | | |
| 熔断器 | | | |
| 交流接触器 | | | |
| 热继电器 | | | |
| 时间继电器 | | | |
| 频敏变阻器 | | | |
| 按钮 | | | |

3）在规定时间内独立完成图 4-31 所示控制线路的安装，并根据工艺要求进行调试。

4）检修调试过程中出现的故障。

### 二、注意事项

1）频敏变阻器必须采取遮护或隔离措施，以防止发生触电事故。

2）控制板外配线必须套管加以防护，以确保安全。

3）通电试车、调试及检修时，必须在指导教师的监护和允许下进行。

4）如果启动电流过小、启动转矩太小、启动时间过长，应换接频敏变阻器的抽头，使匝数减少，一般使用 80% 的抽头。

5）如果启动电流过大、启动时间过短，应换接频敏变阻器的全部抽头。

6）如果启动时伴有机械冲击现象，启动完毕后转速又偏低，应增加频敏变阻器的铁芯气隙。

7）电动机、频敏变阻器及按钮金属外壳必须保护接地。

8）要做到安全操作和文明生产。

### 三、额定工时

额定工时为 90min。

### 四、评分

评分细则见评分表。

## 学习检测

**"转子绕组串联频敏变阻器的控制线路的安装"技能自我评分表**

| 项　目 | 技术要求 | 配　分 | 评分细则 | 评分记录 |
|---|---|---|---|---|
| 安装前检查 | 正确无误检查所需元件 | 5 | 电器元件漏检或错检，每个扣1分 | |
| 安装元件 | 按布置图合理安装元件 | 15 | 不按布置图安装，扣3分<br>元件安装不牢固，每个扣0.5分<br>元件安装不整齐、不合理，扣2分<br>损坏元件，扣10分 | |
| 布线 | 按控制接线图正确接线 | 40 | 不按控制线路图接线，扣10分<br>布线不美观，主电路、控制电路每根扣0.5分<br>接点松动，露铜过长，反圈压绝缘层，标记线号不清楚、遗漏或误标，每处扣0.5分<br>损伤导线，每处扣1分<br>频敏变阻器连接错误，扣5分<br>熔体选择错误，每组扣5分<br>试车不成功，每返工一次扣5分 | |
| 定额工时90min | 超时，此项从总分中扣分 | | 每超过5min，从总分中倒扣3分，但不超过10分 | |
| 安全、文明生产 | 按照安全、文明生产要求 | | 违反安全、文明生产，从总分中倒扣5分 | |

## 知识探究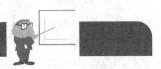

频敏变阻器是一种无触点电磁元件，相当于一个等值阻抗。当电动机在启动或制动过程的瞬间，转子感应电势很大、转子电流的频率高，此时频敏变阻器的阻抗亦很大，转子电路所产生的能量一小部分将被阻抗所限制，而绝大部分消耗在频敏变阻器上并转化成热能。随着转子转速增加，转子电路中的电流和频率不断减小，频敏变阻器的等值阻抗和消耗在频敏变阻器上的能量也随之减小。当启动完毕，转差率接近为零，频敏变阻器的等值阻抗和损耗亦接近零，从而达到自动变阻的目的。

（1）频敏变阻器的型号含义

频敏变阻器的型号含义如下：

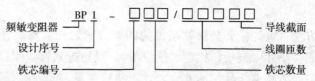

（2）频敏变阻器的结构

频敏变阻器主要由铁芯、绕组及附件三大部分构成。铁芯由数片 E 形厚钢板叠合；绕组由铜导线绕制而成，结成 Y 形，绕组一般有 0，30％，80％，90％和 100％五个抽头。频敏变阻器的结构如图 4-37 所示。

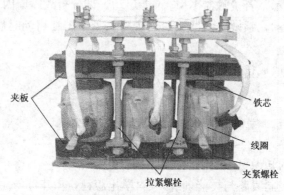

图 4-37 频敏变阻器的结构

（3）频敏变阻器的选择

频敏变阻器计算比较复杂，一般根据电动机功率和工作制式（偶尔启动制、重复短时启动制）查表选择。

1）偶尔启动负载：水泵、空气压缩机、轧钢机、传送带。

2）重复短时启动负载：桥式起重机、升降台、推钢机。

（4）频敏变阻器的使用

1）对于偶尔启动的频敏变阻器，在启动完毕后必须切除；对于重复短时启动的频敏变阻器，允许长期接于转子电路中。

2）偶尔启动的频敏变阻器允许连续启动几次，但是总的启动时间轻载不得超过80s，重载不得超过120s。

3）如果启动电流过小、启动转矩太小、启动时间过长，应换接频敏变阻器的抽头，使匝数减少，一般使用80％的抽头或更少的抽头匝数。由于匝数少，启动电流增大，启动转矩也增大。

4）如果启动电流过大、启动时间过短，应换接频敏变阻器的抽头，使用100％的抽头匝数。匝数增加后，启动电流减小，启动转矩也减小。

5）如果在刚启动时启动转矩过大，伴有机械冲击现象，但启动完毕后稳定转速又偏低（偶尔启动频敏变阻器完毕切除时，冲击电流较大），应增加频敏变阻器的铁芯气隙。由于气隙增加，启动电流略增，启动转矩略减，但启动完毕时转矩增大，提高了稳定转速。

增加气隙的方法：首先松开频敏变阻器的四个拉紧螺栓，然后在 E 形铁芯的上下铁芯之间增加非磁性垫片（铜板、铝板、绝缘板），然后拧紧拉紧螺栓。

注意：垫片尺寸不要大于铁芯的尺寸，以免损伤线圈。

## ■ 思考与练习

1. 如图 4-31 所示，若接触器 KM2 不能启动，试分析故障原因。

2. 如图 4-31 所示，频敏变阻器的抽头在 90％处，若在启动时启动电流过小，应怎样处理？

3. 试将图 4-31 改成按钮切换控制方式。

## ■ 知识链接

与本任务相关的知识可参阅以下图书：

1.《电力拖动控制线路与技能训练》（科学出版社，田建苏等主编）

2.《工厂电气控制》（机械工业出版社，愈艳、金国砥主编）

3.《电机与变压器》（中国劳动社会保障出版社，李学炎主编）

# 项目5

# 典型机床线路的调试及故障处理

**教学目标**

1. 使学生了解典型机床的基本结构。
2. 使学生了解典型机床电气控制线路的工作原理。
3. 使学生会识读机床控制系统的安装接线图与原理图。
4. 通过实训，学生能独立完成典型机床电气控制线路的故障检查及排除。

**安全规范**

1. 穿戴好安全防护用具，严禁穿凉鞋、背心、短裤、裙装进入工作、实训场地。
2. 使用绝缘工具，并认真检查工具绝缘是否良好。
3. 停电作业时，必须先验电确认无误后方可工作。
4. 带电作业时，必须在教师的监护下进行。
5. 进一步提高电气检修安全意识。

**技能要求**

1. 会识读典型机床电气控制线路图。
2. 会识读典型机床电气接线图。
3. 逐步形成正确的机床故障判断和分析的思维方式以及规范的操作程序。
4. 能分析和判断控制系统的常见故障。
5. 掌握机床电气控制线路的故障分析、判断方法，并能利用电工仪表、工具等熟练排除故障。

# CA6140 型车床电气控制线路的检修

**任务1**

## 场景描述

1. 生产现场：有 CA6140 型车床的生产车间。

2. 实训室：YL-ZC 型 CA6140 型车床实训台（见下图）、多媒体课件、仪表及常用工具等。

## 任务目标

1. 仪表的正确选择和使用。

2. 识读机床电气原理图的方法。

3. 机械电气设备维修的一般方法。

4. 通电试车的预防和保护措施。

5. 识读 CA6140 型车床电气控制原理图。

6. 分析、判断并排除 CA6140 型车床的电气故障。

## 工作任务

　　CA6140 型车床广泛应用于机械加工业，它可以车削外圆、内圆、端面、螺纹、螺杆等。其外观如图 5-1 所示，它主要由主轴箱、进给箱、溜板箱、刀架、丝杠、光杠、尾座、挂轮架、纵溜板和横溜板等部分组成。

　　CA6140 型车床的电气控制线路图如图 5-2 所示，它由主电路和控制电路两部分组成。CA6140 型车床主电路共有三台电动机，M1 是主轴电动机，M2 是冷却泵电动机，M3 是刀架快速移动电动机。控制电路通过变压器 TC 把 380V 电压降为 110V，以提供控制电源。控制电路由主轴控制部分、冷却泵控制部分、刀架快速移动控制部分、6V 的电源信号指示部分以及 24V 机床局部照明部分组成。

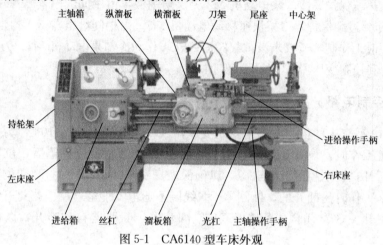

图 5-1　CA6140 型车床外观

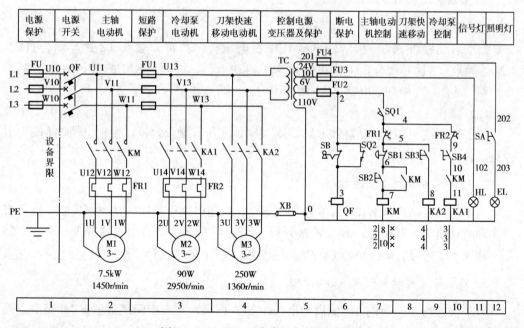

图 5-2　CA6140 型车床电气控制线路图

## ▌基本知识

### 一、主电路分析

CA6140 型车床的主电路共有三台电动机，主轴电动机 M1 带动主轴旋转和驱动刀架进给运动，由熔断器 FU 作为短路保护，热继电器 FR1 作为过载保护，接触器 KM 作为失压、欠压保护；冷却泵电动机 M2 提供切削液，由中间继电器 KA1 控制，热继电器 FR2 作为过载保护；刀架快速移动电动机 M3，由中间继电器 KA2 控制，由于是点动控制短时工作制，所以未设过载保护；FU1 作为冷却泵电动机 M2、刀架快速移动电动机 M3 和控制变压器 TC 的短路保护。

### 二、控制电路分析

CA6140 型车床的控制电路由控制变压器 TC 将 380V 降为 110V，为控制电压供电。在正常工作时，位置开关 SQ1 常开触点闭合；当打开皮带罩后，位置开关 SQ1 常开触点断开，切断控制电路电源，以确保人身安全。钥匙开关 SB 和位置开关 SQ2 在机床正常工作时是断开的，断路器 QF 线圈不通电，能够合闸。当打开电气箱壁龛门时，位置开关 SQ2 闭合，断路器 QF 线圈获电，断路器自动断开，以确保人身和设备安全。

**1. 主轴电动机 M1 的控制**

**（1）启动**

按下启动按钮 SB2，接触器 KM 线圈得电吸合，其常开触点（8 区）闭合自锁，KM 主触点（2 区）闭合，主轴电动机 M1 启动运转。同时，KM 的另一对常开触点（10 区）闭合，为中间继电器 KA1 线圈得电做好准备。

**（2）停止**

按下停止按钮 SB1，接触器 KM 线圈失电，其所有触点复位，主轴电动机 M1 失电停止运转。

**2. 冷却泵电动机 M2 的控制**

由于主轴电动机 M1 和冷却泵电动机 M2 在控制电路中采用的是顺序控制，故只有当主轴电动机 M1 启动后，即 KM 常开触点（10 区）闭合，合上旋钮开关 SB4，冷却泵电动机 M2 才可启动。M1 电动机停止运行，M2 电动机自行停止。

**3. 刀架快速移动电动机 M3 的控制**

刀架快速移动电动机 M3 的启动由按钮 SB3 控制，它与中间继电器 KA2 组成点动控制电路，由进给操作手柄配合机械装置实现刀架前、后、左、右移动方向的改变，若按下 SB3 可实现刀架快速接近或离开加工部位。

## 实践操作

### 一、所需的工具、设备及技术资料

1）常用电工工具、万用表。

2）CA6140 型车床或模拟台。

3）CA6140 型车床电气原理图和接线图。

### 二、机床电气调试

#### 1. 安全措施

调试过程中，应做好保护措施，如有异常情况应立即切断电源开关 QF。

#### 2. 调试步骤

1）接通电源，合上开关 QF。

2）按下按钮 SB2，主轴电动机 M1 通电连续运行，观察电动机运行方向是否与要求相符，如果不符合，对调电动机 M1 的相序。

3）合上按钮 SB4，冷却泵电动机 M2 通电连续运行，并观察运转方向。

4）按下按钮 SB3，刀架快速移动电动机 M3 点动运行。

在实物机床上调试时，注意将主轴操作手柄、进给操作手柄置于中间位置，使电动机在空载下运行，最好在操作人员的协助下进行。

### 三、电气控制线路检修的一般步骤

#### 1. 故障调查

通过问、看、听、摸等方法来了解故障发生后出现的异常，以便判断故障的部位、准确迅速地排除故障。

1）问：询问操作人员故障前后设备运行的情况以及症状。

2）看：看故障发生后电器元件外观是否有明显的灼伤痕迹、保护电器是否脱扣动作、接线是否脱落、触头是否熔焊等。

3）听：在线路还能运行、又不损坏设备、不扩大故障范围的情况下，可通过通电试车的方法来听电动机、接触器和继电器的声音是否正常。

4）摸：在切断电源的情况下尽快触摸电动机、变压器、电磁线圈、熔断器是否过热。

#### 2. 故障分析

分析电路时，通常先从主电路入手，了解生产机械各运动部件和机构采用了几台电动机拖动，与每台电动机相关的电器元件有哪些，采用了何种控制，然后根据电动机主电路所用电器元件的文字符号、图区号及控制要求找到相应的控制电路。在此基础上，结合故障现象和线路工作原理进行认真分析排查，即可迅速判定故障发生的可能范围。

### 3. 用试验法进一步缩小故障范围

在不扩大故障范围、不损伤电气元件和机械设备的前提下进行直接通电试验，或除去负载（从控制箱接线端子板上卸下）通电试验，以分清故障可能是在电气部分还是在机械等其他部分、是在电动机上还是在控制设备上、是在主电路上还是在控制电路上。

具体做法是：操作某一只按钮或开关时，线路中有关的接触器、继电器将按规定的动作顺序进行工作。若依次动作至某一电器元件时，发现动作不符合要求，即说明该电器元件或其相关电路有问题。再在此电路中进行逐项分析和检查，一般便可发现故障。待控制电路的故障排除后，再接通主电路，检查控制电路对主电路的控制效果，观察主电路的工作情况有无异常等。

通电试验时，一定要注意下述情况。

在通电试验时，必须注意人身和设备的安全。要遵守安全操作规程，不得随意触动带电部分，要尽可能切断电动机主电路电源，只在控制电路带电的情况下进行检查。如需电动机运转，则应使电动机在空载下运行，以避免工业机械的运动部分发生误动作和碰撞。要暂时隔断有故障的主电路，以免故障扩大，并预先充分估计到局部线路动作后可能发生的不良后果。

### 4. 故障检测

利用测试工具和仪表对电路带电或断电时的有关参数进行测量，以判断故障点。

### 5. 故障修复

修复故障，并作好记录。

## 四、电气控制线路的故障案例分析

### 1. 主轴电动机 M1 能启动但不能连续运行

按下启动按钮 SB2，主轴电动机 M1 运转；松开启动按钮 SB2，主轴电动机 M1 停转。造成这种故障的主要原因是接触器 KM1 的常开辅助触头（自锁触头 8 区）接触不良或导线松脱，使电路不能实现自锁。该故障的检修流程如图 5-3 所示。

主轴电动机不能连续运行检修流程图分解步骤：

1）打开按钮站和壁龛配电箱，检查并紧固按钮和接触器 KM 上的 6$^\#$线和 7$^\#$线，如图 5-4（a，b）所示。如果紧固后仍然不能连续运行，进行下一步检修。

2）拆除接触器 KM 自锁触点上的 6$^\#$线和 7$^\#$线，如图 5-5 所示。

3）用万用表的电阻 $R \times 1$ 档检测接触器 KM 自锁触点接触是否良好，如图 5-6 所示。

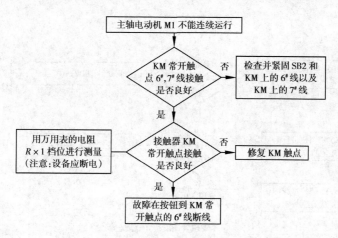

图 5-3  主轴电动机不能连续运行检修流程

(a)紧固按钮上的导线

(b)紧固 KM 上的导线

图 5-4  紧固导线

图 5-5  拆除接触器 KM 自锁触点上
的 6# 线和 7# 线

图 5-6  检测接触器 KM 自锁触点
接触是否良好

如果接触不良,按照项目 1 中的任务 2 修复接触器触头或更换。

如果接触良好,说明从按钮到接触器 KM 之间的自锁线 6# 或接触器 KM 本身的
7# 线断线,只要更换上备用线即可(机床设备敷设线路时都有备用线)。

2. 整机不能工作

整机不能工作的检修流程如图 5-7 所示。

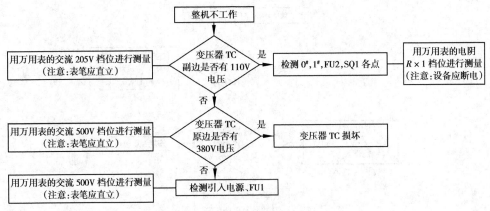

图 5-7　整机不能工作的检修流程

### 3. 主轴电动机 M1 "嗡嗡" 响，但不能运行

这种现象大多是由于电动机缺相运行。发生这种故障，应立即切断电源，以免烧毁电动机。该故障的检修流程如图 5-8 所示。

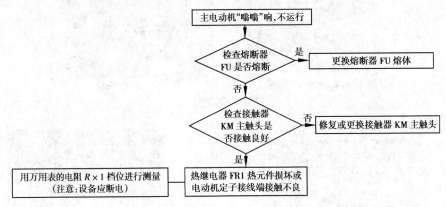

图 5-8　电动机 "嗡嗡" 响但不运行的检修流程

### 4. 主轴电动机 M1 不能启动

（1）故障现象

主轴电动机 M1 不能启动，其他电动机工作正常。

（2）故障范围

1）主轴电动机 M1 的主电路。主电路中存在断点、缺少两相电源，可能性比较大的是交流接触器 KM 主触头接触不良、热继电器 FR1 热元件损坏、主电路到电动机的路径断线或电动机损坏。

2）控制电路，包括停止按钮 SB1 常闭触头、6#线、启动按钮 SB2、7#线、KM 线圈、0#线。

（3）故障检修

主轴电动机 M1 不能启动的检修流程如图 5-9 所示。

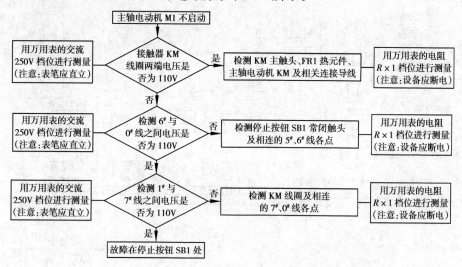

图 5-9　主轴电动机 M1 不能启动的检修流程

（4）故障修复

查明损坏原因及故障点，更换损坏元件或修复连接导线。

## ■ 巩固训练

### 一、任务要求

1）熟悉车床的结构和运动形式，并在教师的指导下进行实际操作。

2）熟悉车床电器元件安装位置以及走线情况，并能读懂接线图。根据接线图能迅速找到相应电器元件的位置。CA6140 型车床的接线图如图 5-10 所示（参考图，具体以设备说明书为准）。

3）根据故障现象，按照电气原理图分析可能出现的故障原因，在电气控制线路图上分析故障范围。

4）正确使用仪表判断故障点，并修复故障。

5）通电试运行。

6）做好维修记录。

### 二、故障现象

1）主轴电动机 M1 不能停车。

2）主轴电动机 M1 在运行中突然停车。

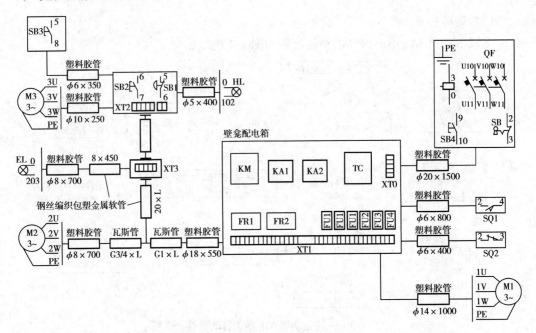

图 5-10　CA6140 型车床的接线图

3）刀架快速运动电动机 M3 不能启动。

4）冷却泵电动机 M2 不能启动。

## 三、注意事项

1）故障设置时，应模拟成实际使用中造成的自然故障现象。

2）故障设置时，不得更改线路或更换电器元件。

3）指导教师必须在实训现场密切注意学生的检修，随时做好应急措施。

## 四、评分

评分细则见评分表。

## 学习检测

**"CA6140 型车床电气控制线路的检修"技能自我评分表**

| 项　目 | 技术要求 | 配　分 | 评分细则 | 评分记录 |
|--------|----------|--------|----------|----------|
| 设备调试 | 调试步骤正确 | 10 | 调试步骤不正确，每步扣 1 分 | |
| | 调试全面 | 10 | 调试不全面，每项扣 3 分 | |
| | 故障现象明确 | 10 | 不明确故障现象，每故障扣 2 分 | |

续表

| 项　目 | 技术要求 | 配　分 | 评分细则 | 评分记录 |
|---|---|---|---|---|
| 故障分析 | 在电气控制线路图上分析故障可能的原因，思路正确 | 30 | 错标或标不出故障范围，每个故障点扣 5 分<br>不能标出最小的故障范围，每个故障点扣 2 分 | |
| 故障排除 | 正确使用工具和仪表，找出故障点并排除故障 | 40 | 实际排除故障中思路不清楚，每个故障点扣 2 分<br>每少查出一次故障点扣 2.5 分<br>每少排除一次故障点扣 2.5 分<br>排除故障方法不正确，每处扣 1 分 | |
| 其他 | 操作有误，此项从总分中扣分 | | 排除故障时，产生新的故障后不能自行修复，每个扣 4 分；已经修复，每个扣 2 分<br>损坏电动机，扣 10 分 | |
| | 超时，此项从总分中扣分 | | 每超过 5min，从总分中倒扣 2 分，但不超过 5 分 | |
| 安全、文明生产 | 按照安全、文明生产要求 | | 违反安全、文明生产，从总分中倒扣 5 分 | |

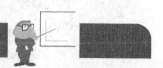

## 知识探究

### 一、主轴的正、反转运行

CA6140 型车床在加工过程中，根据加工零配件需要能实现正、反转运行，主轴的正、反转是通过机械装置的摩擦离合器和操纵机构来实现的。当主轴操作手柄处于中间位置时，主轴停止；处于向上位置时，主轴正转；处于向下位置时，主轴反转。

### 二、刀架的运行方向

刀架运行方向是通过溜板箱的操纵机构来实现的。当进给十字操作手柄处于中间位置时，刀架停止；处于向上、向下位置时，刀架做横向进给（前、后）；处于向左、向右位置时，刀架做纵向进给（左、右）。

### 三、电器元件的要求

在故障检修、修复时，不得使用不同规格的电器元件相互代替，特别是用作保护的电器元件。因为这些电器元件是设计人员根据工艺要求、电动机功率等要求和参数经过理论计算和规范考虑的。电器元件的选择在项目 2 中已经介绍。

## 思考与练习

1. CA6140 型车床的刀架电动机控制线路正常，电动机接线正确，拆下电动机空载可以运转，装上到机床后刀架任何方向不能移动，且电动机不能运转起来，是什么原因？

2. CA6140 型车床的主轴电动机电气线路（主电路、控制电路、电动机）完全正常，但当按下启动按钮 SB2 时熔断器 FU 熔体熔断，是什么原因？

3. CA6140 型车床冷却泵电动机运转正常，冷却液箱内有冷却液，但没有冷却液流出，是什么原因？

## 知识链接

与本任务相关的知识可参阅以下图书：

1.《电力拖动控制线路与技能训练》（科学出版社，田建苏等主编）

2.《CA6140 型车床使用说明书》

3.《图解机械设备电气控制电路》（人民邮电出版社，郑凤翼、郑丹丹主编）

4.《工厂电气控制》（机械工业出版社，愈艳、金国砥主编）

# M7130 型平面磨床电气控制线路的检修

## 场景描述

1. 生产现场：有 M7130 型平面磨床的生产车间。
2. 实训室：YL-ZM 型 M7130 型平面磨床实训台（见下图）、多媒体课件、仪表及常用工具。

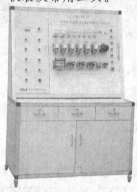

## 任务目标

1. 整流元件相关的知识。
2. 仪表的正确选择和使用。
3. 识读机床电气原理图的方法。
4. 机械电气设备维修的一般方法。
5. 通电试车的预防和保护措施。
6. 读懂 M7130 型平面磨床电气控制原理图。
7. 分析、判断并排除 M7130 型平面磨床的电气故障。
8. 整流元件的判别。

## 工作任务

M7130 型平面磨床是机械加工业中使用较为普遍的一种平面磨床，主要用于砂

轮磨削加工各种零件的平面。该磨床操作方便、磨削精度和光洁度都比较高。其外观如图 5-11 所示，它主要由床身、立柱、滑座、砂轮架、电磁吸盘、工作台等部分组成。

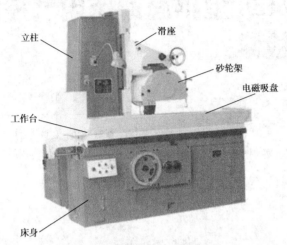

图 5-11　M7130 型平面磨床外观

M7130 型平面磨床的电气控制线路图如图 5-12 所示，它由主电路和控制电路两部分组成。主电路共有三台电动机，M1 是砂轮电动机；M2 是冷却泵电动机；M3 是液压泵电动机，用于拖动液压泵提供油压，驱动砂轮架的升降、进给以及工作台的往复运动。控制电路采用交流 380V 电压控制电源，它由砂轮电动机控制部分、液压泵电动机控制部分、电磁吸盘控制部分以及 24V 机床局部照明部分组成。

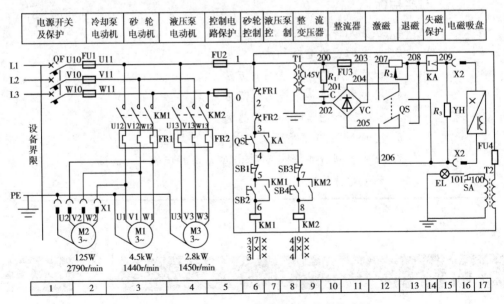

图 5-12　M7130 型平面磨床电气控制线路图

## ▌基本知识

### 一、主电路分析

主电路共有三台电动机：砂轮电动机 M1 带动砂轮旋转，对工件进行磨削加工；冷却泵电动机 M2 提供切削液，与砂轮电动机 M1 共用热继电器 FR1 作为过载保护，由接触器 KM1 控制；液压泵电动机 M3 由接触器 KM2 控制，由热继电器 FR2 作为过载保护。FU1 作为电动机的短路保护。

### 二、控制电路分析

控制电路采用交流 380V 电压供电，由熔断器 FU2 作短路保护。

#### 1. 电动机控制电路

在电动机控制电路中，控制器 KM1 和 KM2 的线圈串接转换开关 QS 的一对常开触点（6 区）和欠电流继电器 KA 的常开触点（7 区），三台电动机启动的必要条件是 QS 或 KA 的常开触点闭合。砂轮电动机 M1 和液压泵电动机 M3 采用的都是自锁正转控制线路，SB1，SB3 分别是它们的停止按钮，SB2，SB4 分别是它们的启动按钮。

#### 2. 电磁吸盘控制电路

电磁吸盘是装夹在工作台上用来固定加工工件的一种夹具，它具有夹紧迅速、操作简便、不损伤工件等优点，但它只能吸住铁磁材料。其外观如图 5-13 所示。

电磁吸盘电路由整流电路、控制电路、保护电路三部分组成。

（1）整流及控制电路

整流变压器 T1 将 220V 的交流电压降为 145V，然后经

图 5-13　电磁吸盘

桥式整流器 VC 整流后输出 110V 直流电压。转换开关 QS 控制电磁吸盘的工作方式，电磁吸盘工作方式有激磁（吸合）、放松和退磁三种。

1）激磁：将转换开关 QS 扳至"吸合"位置时，QS 的触点（204～206）、（205～208）闭合，直流 110V 电压接入电磁吸盘 YH，吸牢工件。

2）放松：当工件加工完毕，将转换开关 QS 扳至"放松"位置时，QS 的触点（204～206）、（205～208）断开，切断电磁吸盘 YH 的直流电源。由于工件具有剩磁，工件不能取下，必须进行退磁。

3）退磁：将转换开关 QS 扳至"退磁"位置时，QS 的触点（3～4）闭合，接通电动机控制回路，（204～207）、（205～206）闭合，由于串入了退磁电阻 $R_2$，电磁吸盘 YH 通入较小的反向电流进行退磁。退磁结束，将转换开关 QS 扳至"放松"位置，即

图 5-14　退磁器

可取下工件。

如果工件不易退磁时，可将附件退磁器插入插座 X3 中，使工件在交变磁场的作用下退磁。退磁器外观如图 5-14 所示。

（2）电磁吸盘保护电路

电磁吸盘保护电路由放电电阻 $R_3$ 和欠电流继电器 KA 组成。电阻 $R_3$ 是电磁吸盘的放电电阻。欠电流继电器 KA 可防止电磁吸盘断电时工件飞出造成人身和设备事故。

电阻 $R_1$ 与电容器 C 的作用是防止电磁吸盘回路交流侧的过电压。

### 3. 照明电路

照明变压器 T2 将 380V 交流电压降为 24V 的安全电压供给照明电路。EL 为照明灯，一端接地，另一端由开关 SA 控制，熔断器 FU4 作照明电路的短路保护。

## 实践操作

### 一、所需的工具、设备和技术资料

1）常用电工工具、万用表。

2）M7130 型平面磨床或模拟台。

3）M7130 型平面磨床电气原理图和接线图。

### 二、机床电气调试

#### 1. 安全措施

调试过程中，应做好保护措施，如有异常情况应立即切断电源。

#### 2. 调试步骤

1）接通电源，合上开关 QF。

2）将转换开关 QS 扳至"退磁"位置。

3）按下启动按钮 SB2，使砂轮电动机 M1 旋转一下，立即按下停止按钮 SB1，观察砂轮旋转方向与要求是否相符。

4）按下启动按钮 SB4，使液压泵电动机运行，并观察运行情况。

5）根据电动机功率设定过载保护值。

6）根据要求调整欠电流继电器 KA，使欠电流继电器 KA 在 1.5A 时吸合。欠电流继电器外观如图 5-15 所示。

调节螺母

图 5-15　欠电流继电器

欠电流继电器的调整方法如下：

① 断开电源开关 QF。

② 将欠电流继电器 KA 线圈一端断开，将万用表串联接入电路中（注意极性）。

③ 将万用表的档位旋至直流电流档位（大电流档 5A）。

④ 接入电磁吸盘。

⑤ 合上电源开关 QF，并将转换开关 QS 扳至"吸合"位置。

⑥ 观察电流值在 1.5A 时欠电流继电器 KA 是否吸合，如果不吸合则调整欠电流继电器 KA 的调整螺母，直到吸合。

调整时，应缓慢进行，不要力度过大，以免损坏元件，同时注意安全，防止触电事件发生。

⑦ 调试过程中，如有异常情况，立即断开电源开关 QF，排除故障或险情。

### 三、电气控制线路的故障案例分析

#### 1. 电动机都不能启动

电动机都不能启动，不可能启动按钮或停止按钮同时损坏。首先，用万用表的交流 500V 电压档位检查 0# 与 1# 之间是否有 380V 控制电源，如果没有则检查熔断器 FU1，FU2。此故障可按照图 5-16 所示流程检修。

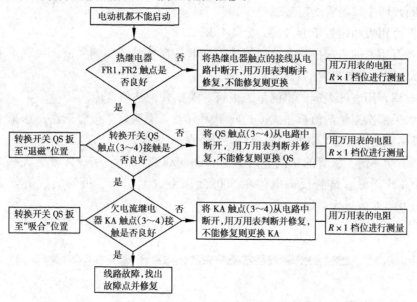

图 5-16　电动机都不能启动的检修流程

#### 2. 电磁吸盘无吸力

首先检查电源电压是否正常，再检查熔断器 FU1，FU2，FU3 是否熔断。此故障的检修流程如图 5-17 所示。

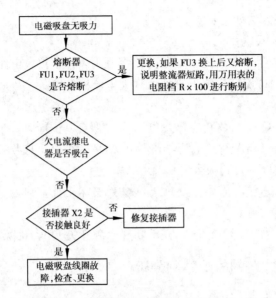

图 5-17　电磁吸盘无吸力的检修流程

整流器中的整流元件为四个二极管构成的桥式整流电路，二极管的好坏判别方法如下：

1）断开设备电源，将整流器拆下。

2）断开四个二极管的桥接线。

3）将万用表档位置于 $R\times100$ 或 $R\times1\mathrm{k}$。

4）将万用表的表笔搭接在二极管的管脚上，观察并记住测量值。注意手不要触及表笔的金属部分或二极管的管脚。

5）对调万用表的表笔，再测量二极管，观察并记住测量值。

6）如果两次测量的值都很大或趋向于无穷大，说明该二极管断路；如果两次测量的值都很小或趋向于零，说明该二极管短路，需要更换。

通常小功率锗二极管的正向电阻值为 $300\sim500\Omega$，硅管为 $1\mathrm{k}\Omega$ 或更大些。锗管反向电阻为几十千欧，硅管反向电阻在 $500\mathrm{k}\Omega$ 以上（大功率二极管的数值要大得多）。正、反向电阻差值越大越好。

## 巩固训练

### 一、任务要求

1）在教师的监护下，学生根据电气原理图的控制要求完成 M7130 型平面磨床的调试。

2）现场观察、熟悉 M7130 型平面磨床的结构和运动形式，并在教师或操作人员的指导下进行实际操作。

　　3）熟悉 M7130 型平面磨床电器元件安装位置以及布线情况，并能读懂接线图。根据接线图能迅速找到相应电器元件的位置。M7130 型平面磨床的接线图如图 5-18 所示（参考图，具体以设备说明书为准）。

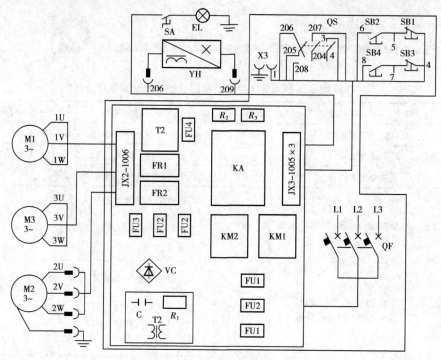

图 5-18　M7130 型平面磨床接线图

　　4）根据故障现象，按照电气原理图分析可能出现的故障原因，在电气控制线路图上分析故障范围。

　　5）正确使用仪表判断故障点，并修复故障。

　　6）通电试运行。

　　7）做好维修记录。

## 二、故障现象

1）电磁吸盘吸力不足。

2）电磁吸盘退磁不好。

3）砂轮电动机 M1 不能启动。

## 三、注意事项

1）故障设置时，应模拟成实际使用中造成的自然故障现象。

2）故障设置时，不得更改线路或更换电器元件。

3）指导教师必须在现场密切注意学生的检修，随时做好应急措施。

## 四、评分

评分细则见评分表。

### 学习检测

#### "M7130 型平面磨床电气控制线路的检修"技能自我评分表

| 项　目 | 技术要求 | 配　分 | 评分细则 | 评分记录 |
|---|---|---|---|---|
| 设备调试 | 调试步骤正确 | 10 | 调试步骤不正确，每步扣 1 分 | |
| | 调试全面 | 10 | 调试不全面，每项扣 3 分 | |
| | 故障现象明确 | 10 | 不明确故障现象，每故障扣 2 分 | |
| 故障分析 | 在电气控制线路图上分析故障可能的原因，思路正确 | 30 | 错标或标不出故障范围，每个故障点扣 6 分　　不能标出最小的故障范围，每个故障点扣 3 分 | |
| 故障排除 | 正确使用工具和仪表，找出故障点并排除故障 | 40 | 实际排除故障中思路不清楚，每个故障点扣 3 分　　每少查出一次故障点扣 3 分　　每少排除一次故障点扣 3 分　　排除故障方法不正确，每处扣 1 分 | |
| 其他 | 操作有误，此项从总分中扣分 | | 排除故障时，产生新的故障后不能自行修复，每个扣 5 分；已经修复，每个扣 3 分　　损坏电动机，扣 10 分 | |
| | 超时，此项从总分中扣分 | | 每超过 5min，从总分中倒扣 2 分，但不超过 5 分 | |
| 安全、文明生产 | 按照安全、文明生产要求 | | 违反安全、文明生产，从总分中倒扣 5 分 | |

### 知识探究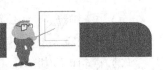

### 一、砂轮电动机

砂轮电动机为装入式电动机，它的前轴承是铜瓦，容易磨损，磨损后容易发生堵转现象，使电动机电流增大，导致热继电器经常脱扣。若是发生这种现象，应及时修复或更换轴瓦。

## 二、电磁吸盘

电磁吸盘的工作条件比较差，由于吸盘线圈完全密封，散热条件不好，若密封不好极容易渗入冷却液，造成线圈损坏。

线圈损坏后更换线圈时，先按照线圈尺寸制成斜口对开型绕线模（考虑绝缘包扎的厚度），然后绕线。绕制包扎后进行绝缘处理，绝缘漆应使用三聚氰胺醇酸树脂漆或氨基醇酸漆。线圈装配时，吸盘槽底应平整，用绝缘纸垫好，两侧和上方应有 3mm 间隙。然后用 5 号绝缘胶熔化缓慢浇灌，浇灌应保持与盘体外缘平齐。冷却后，清洁盘体表面，做到无毛刺、铁屑和杂物。清洁后，再涂上一层 5 号绝缘胶（用汽油稀释），覆盖一层聚酯薄膜，再涂上一层 5 号绝缘胶，然后立即盖上面板，均匀旋紧螺钉，保证密封严密。最后将线圈引出线接到盘体的接线盒，并浇灌绝缘胶密封。

电磁吸盘的吸力应达到 $588\sim882$ kPa，剩磁吸力应小于充磁吸力的 $10\%$，吸力的测试用弹簧秤和电工纯铁。退磁电压一般为 $5\sim10$ V，不宜过高，否则会造成工件取下困难。

## 思考与练习

1. M7130 型平面磨床的电磁吸盘吸力不足会造成什么后果？
2. M7130 型平面磨床电气控制线路具有哪些电气联锁措施？
3. 用于 M7130 型平面磨床砂轮电动机的过载保护的热继电器 FR1 经常发生脱扣现象，是什么原因？
4. M7130 型平面磨床电磁吸盘控制电路中整流部分无直流输出，试分析故障范围。

## 知识链接

与本任务相关的知识可参阅以下图书：
1. 《电力拖动控制线路与技能训练》（科学出版社，田建苏等主编）
2. 《M7130 型平面磨床使用说明书》
3. 《图解机械设备电气控制电路》（人民邮电出版社，郑凤翼、郑丹丹主编）
4. 《工厂电气控制》（机械工业出版社，愈艳、金国砥主编）

任务 3

# Z3040 型摇臂钻床电气控制线路的检修

## 场景描述

1. 生产现场：有 Z3040 型摇臂钻床的生产车间。
2. 实训室：YL-ZZ 型 Z3040 型摇臂钻床实训台（见下图）、多媒体课件、仪表及常用工具。

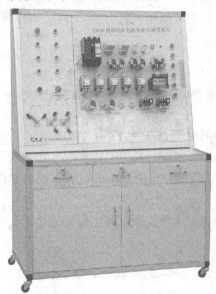

## 任务目标

1. 相关液压元件的知识。
2. 仪表的正确选择和使用。
3. 识读 Z3040 型摇臂钻床电气原理图。
4. Z3040 型摇臂钻床电气设备维修的方法。
5. 通电试车的预防和保护措施。
6. 读懂 Z3040 型摇臂钻床电气控制原理图。
7. 分析、判断并排除 Z3040 型摇臂钻床的电气故障。

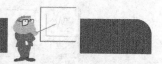

## 工作任务

　　Z3040 型摇臂钻床是一种用途广泛且适用于单件或批量生产中带有多孔、大型工件的孔加工机床，可以实现钻孔、铰孔、扩孔、镗孔、攻螺纹以及修刮平面等多种形式的加工。其外观如图 5-19 所示，它主要由底座、外立柱、内立柱、摇臂、主轴箱、工作台等部分组成。

　　Z3040 型摇臂钻床由于运动部件多，采用多电动机拖动可以简化传动装置的结构。整个机床由四台电动机拖动，分别是主轴（钻杆）拖动电动机、摇臂升降电动机、液压泵电动机以及冷却泵电动机。

　　钻杆的旋转是主运动，钻杆的纵向（上、下）移动是进给运动，摇臂的手动回转、摇臂的升降及其夹紧与放松、立柱的夹紧和放松、主轴箱的移动都是辅助运动。

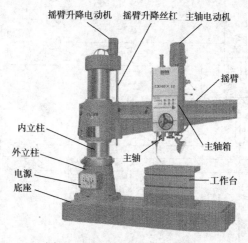

图 5-19  Z3040 型摇臂钻床外观

## ▌基本知识

### 一、主电路分析

　　Z3040 型摇臂钻床的电气控制线路图如图 5-20 所示，主电路共有四台电动机：M1 是主轴（钻杆）拖动电动机，由接触器 KM1 控制，热继电器 FR1 作为过载保护；M2 是摇臂升降电动机，由接触器 KM2，KM3 控制，由于是间断性工作，所以没有设置过载保护；M3 是液压泵电动机，由接触器 KM4，KM5 控制，热继电器 FR2 作为过载保护，M3 拖动液压泵旋转，为主轴箱、摇臂、内外立柱的夹紧机构提供压力油，夹紧机构液压系统如图 5-21 所示；M4 是冷却泵电动机。

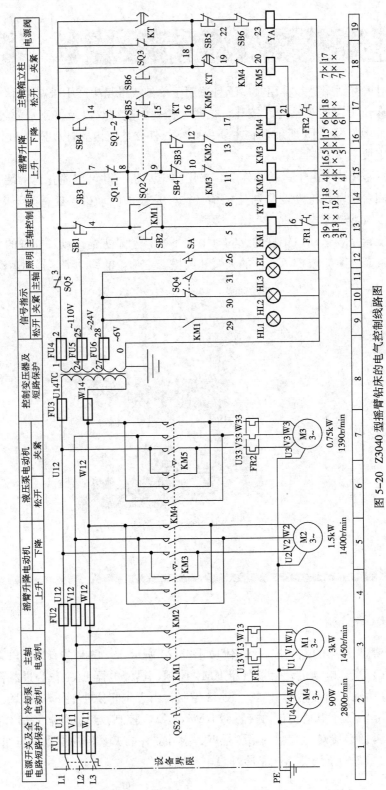

图 5-20 Z3040 型摇臂钻床的电气控制线路图

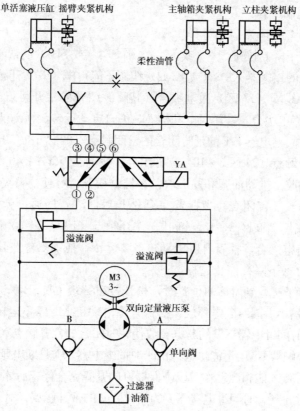

图 5-21　夹紧机构液压系统

## 二、控制电路分析

控制电路采用交流 110V 电压控制电源，它由主电动机控制部分、摇臂升降电动机控制部分、主轴箱和立柱夹紧与放松控制部分以及 24V 机床局部照明部分和工作状态指示部分组成。

为了保证操作安全，在 Z3040 型摇臂钻床电气箱门上装有门锁开关 SQ5（14 区），所以在开机前应检查电气箱的门是否关好。

### 1. 主电动机 M1 的控制

按下启动按钮 SB2（15 区），接触器 KM1 吸合并自锁，使主电动机 M1 启动运行，同时指示灯 HL1（10 区）亮；按下停止按钮 SB1（15 区），接触器 KM1 断电释放，主电动机 M1 停止运转，同时指示灯 HL1（10 区）熄灭。

### 2. 摇臂升降控制

摇臂升降前，必须先使夹紧在立柱上的摇臂松开，然后上升或下降，升降到所需的位置时自行夹紧。摇臂的夹紧或松开要求电磁阀 YA 处于通电状态，如图 5-23（b）

所示。下面分析控制过程。

(1) 摇臂上升（下降）启动过程

按住上升（或下降）按钮 SB3（或 SB4），则 SB3（或 SB4）的常闭触点断开，使得控制摇臂升降电动机的接触器 KM3（或 KM2）线圈不能得电，其常开触点闭合，使断电延时时间继电器 KT 线圈（17 区）通电吸合，其瞬时闭合的常开触点（20 区 15～16）闭合，接触器 KM4 得电吸合，液压泵电动机 M3 正向启动运转，拖动液压泵供给正向压力油。与此同时，时间继电器 KT 的延时闭合的常闭触点（22 区 18～19）立即断开，而 KT 的延时断开的常开触点（24 区 3～18）立即闭合，使电磁阀 YA 得电，压力油进入摇臂的夹紧机构的松开油腔，推动活塞和菱形块，将摇臂松开，并使摇臂夹紧位置开关 SQ3 的触点（23 区 3～18）复位闭合。当摇臂完全松开后，活塞杆通过弹簧片压下位置开关 SQ2，使其常闭触点（20 区 8～15）断开，常开触点（18 区 8～9）闭合，接触器 KM2（或 KM3）线圈得电吸合，摇臂升降电动机 M2 运转，拖动摇臂上升（或下降）。

(2) 摇臂上升（下降）停止过程

当摇臂上升（下降）到所需的位置时，松开按钮 SB3（或 SB4），则接触器 KM2（或 KM3）、时间继电器 KT 同时断电释放，摇臂升降电动机 M2 停止运转，摇臂也随之停止上升（或下降）。时间继电器 KT 的断电释放使瞬时闭合的常开触点（20 区 15～16）立即复位断开，确保接触器 KM4 不能得电。由于时间继电器 KT 是断电延时，所以要经过1～3s 的延时后延时触点才能相应动作，以确保摇臂的升降完全停止后才开始夹紧。

当断电延时时间到，时间继电器 KT 的延时断开的常开触点（24 区 3～18）断开，延时闭合的常闭触点（22 区 18～19）闭合，由于位置开关 SQ3 的触点（23 区 3～18）复位闭合，接触器 KM5 线圈（22 区）得电吸合，液压泵电动机 M3 反向启动运转，拖动液压泵供给反向压力油。因电磁阀 YA 仍然得电，使压力油进入摇臂夹紧机构的夹紧油腔，推

图 5-22 电磁阀

动活塞和菱形块，将摇臂夹紧。当摇臂夹紧后，活塞杆通过弹簧片压下位置开关 SQ3，使其常闭触点（23 区 3～18）断开，松开 SQ2，电磁阀 YA、接触器 KM5 断电，液压泵电动机 M2 停止运转，摇臂夹紧完成。

位置开关 SQ1 是摇臂上升、下降极限（终端）保护开关，有两对常闭触点 SQ1-1，SQ1-2，分别串联在摇臂上升或下降控制回路中。电磁阀 YA 是一个二位六通换向电磁阀，其外观如图 5-22 所示，其工作状态如图 5-23 所示，图 5-23 中的箭头表示压力油的流向。

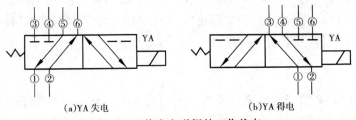

(a)YA 失电　　　　　(b)YA 得电

图 5-23　换向电磁阀的工作状态

3. 主轴箱和立柱的夹紧与松开控制

主轴箱和立柱的夹紧与松开是同时进行的，进行夹紧或松开时，要求电磁阀 YA 处于失电状态，如图 5-23（a）所示。其控制过程分析如下：

当需要主轴箱和立柱松开（或夹紧）时，按下按钮 SB5（或 SB6），接触器 KM4（或 KM5）得电吸合，液压泵电动机 M3 带动液压泵旋转，提供正向（或反向）压力油，进入主轴箱和立柱的放松（或夹紧）油腔，推动夹紧机构实现主轴箱和立柱放松（或夹紧）。同时，位置开关 SQ4 在松开（或夹紧）时动作，使放松（或夹紧）信号灯 HL2（HL3）亮。

由于 SB5，SB6 的常闭触点串联在电磁阀 YA 线圈电路中，所以 YA 不会得电，保证了压力油进入主轴箱和立柱的夹紧装置中。

# 实践操作

## 一、所需的工具、设备和技术资料

1）常用电工工具、万用表。

2）Z3040 型摇臂钻床或模拟台。

3）Z3040 型摇臂钻床电气原理图和接线图。

## 二、机床电气调试

1. 安全措施

调试过程中，应做好保护措施，如有异常情况应立即切断开电源。

2. 调试步骤

1）接通电源，合上开关 QS1。

2）根据电动机功率设定过载保护值。

3）按下启动按钮 SB2，使主轴电动机 M1 旋转一下，立即按下停止按钮 SB1，观察主轴旋转方向与要求是否相符，观察主轴工作信号灯 HL1 是否亮。

4）按下按钮 SB5（SB6），使主轴箱和立柱松开（夹紧），如不能松开（夹紧），查看液压泵电动机旋转方向是否与要求方向相符。松开（夹紧）后，信号灯 HL2（HL3）应亮，如不亮，调整 SQ4 与弹簧片之间的距离。

5）按下摇臂升降按钮 SB3（SB4），摇臂应上升（下降），如果下降（上升），更换摇臂升降电动机 M2 的相序。

6）摇臂上升或下降过程中，上推或下拉位置开关 SQ1 的操纵杆，使 SQ1-1 或 SQ1-2 断开。此时，摇臂应停止上升或下降，否则对调 SQ1 的接线（7#线与 14#线）。

注意：1. 操纵位置开关 SQ1 应借助工具，以免伤及手。

2. 对调 SQ1 的接线时线号不能对调。

3. 对调接线后应再次试验，验证是否正确。

### 三、电气控制线路的故障分析案例

摇臂钻床的工作过程是由电气、机械以及液压系统紧密配合实现的，因此在维修中不仅要注意电气部分能否正常工作，而且还要注意电气与机械和液压部分的配合工作。

#### 1. 摇臂不能升降

摇臂都不能升降，不可能升降按钮或接触器同时损坏，必定在它们的公共部分存在问题。根据前面所述的摇臂升降控制过程可知，摇臂的升降由电动机 M2 拖动，条件是摇臂完全从立柱上松开后活塞杆压合位置开关 SQ2。摇臂不能升降，可按图 5-24 所示流程检修。

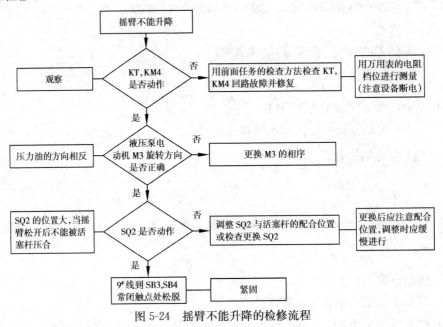

图 5-24　摇臂不能升降的检修流程

#### 2. 摇臂不能夹紧

摇臂升降到所需位置后，夹紧过程是自动完成的。当出现不能夹紧的故障现象时可按图 5-25 所示流程检修。

#### 3. 立柱和主轴箱不能夹紧或松开

立柱和主轴箱不能夹紧或松开，首先可以通过观察摇臂的升降来进行判别。如果摇臂升降过程中的夹紧、松开正常，极有可能的原因是按钮 SB5，SB6 损坏或 16#，18# 线接线松脱。如果这种电气故障不存在，则是液压系统故障，说明立柱和主轴箱夹紧系统油路存在问题,应与维修人员配合检修。

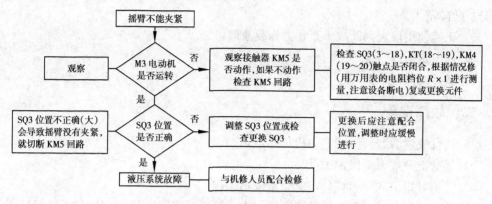

图 5-25　摇臂不能夹紧的检修流程

## 巩固训练

### 一、任务要求

1) 在教师的监护下,学生根据电气原理图的控制要求完成 Z3040 型摇臂钻床的调试。

2) 现场观察、熟悉 Z3040 型摇臂钻床的结构和运动形式,并在教师或操作人员的指导下进行实际操作。

3) 熟悉 Z3040 型摇臂钻床电器元件安装位置以及布线情况,并能读懂接线图。根据接线图能迅速找到相应电器元件的位置。Z3040 型摇臂钻床的接线图如图 5-26 所示(参考图,具体以设备说明书为准)。

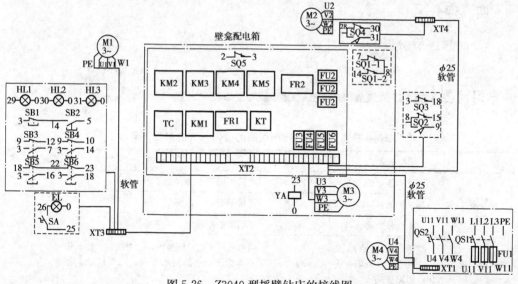

图 5-26　Z3040 型摇臂钻床的接线图

4）根据故障现象，按照电气原理图分析可能出现的故障原因，在电气控制线路图上分析故障范围。

5）正确使用仪表判断故障点，并修复故障。

6）通电试运行。

7）做好维修记录。

## 二、故障现象

1）摇臂夹紧后，液压泵电动机仍然运转。

2）摇臂上升或下降保护失灵。

3）除信号指示和照明灯外，整个系统不工作。

4）按下按钮 SB6，立柱和摇臂能够夹紧，但松开按钮 SB6 后立柱和摇臂就松开。

## 三、注意事项

1）要充分观察和熟悉 Z3040 型摇臂钻床工作过程。

2）Z3040 型摇臂钻床工作过程是由电气、机械以及液压系统紧密配合实现的。因此，在故障分析时要考虑电气与机械和液压部分的配合工作。

3）立柱和主轴箱的夹紧机构采用的是菱形块结构，夹紧力过大或液压系统压力不够，会导致菱形块立不起来，电气工作时能夹紧，当电气不工作时就松开，但是菱形块和承压块角度、方向或距离不当也会出现类似故障现象。

4）故障设置时，应模拟成实际使用中造成的自然故障现象。

5）故障设置时，不得更改线路或更换电器元件。

6）指导教师必须在现场密切注意学生的检修，随时做好应急措施。

## 四、评分

评分细则见评分表。

## 学习检测

### "Z3040 摇臂钻床电气控制线路的检修"技能自我评分表

| 项　　目 | 技术要求 | 配　分 | 评分细则 | 评分记录 |
|---|---|---|---|---|
| 设备调试 | 调试步骤正确 | 10 | 调试步骤不正确，每步扣 1 分 | |
| | 调试全面 | 10 | 调试不全面，每项扣 3 分 | |
| | 故障现象明确 | 10 | 不明确故障现象，每故障扣 2 分 | |
| 故障分析 | 在电气控制线路图上分析故障可能的原因，思路正确 | 30 | 错标或标不出故障范围，每个故障点扣 5 分<br>不能标出最小的故障范围，每个故障点扣 2 分 | |

| 项　　目 | 技术要求 | 配分 | 评分细则 | 评分记录 |
|---|---|---|---|---|
| 故障排除 | 正确使用工具和仪表，找出故障点并排除故障 | 40 | 实际排除故障中思路不清楚，每个故障点扣 2 分<br>每少查出一次故障点扣 2.5 分<br>每少排除一次故障点扣 2.5 分<br>排除故障方法不正确，每处扣 1 分 | |
| 其他 | 操作有误，此项从总分中扣分 | | 排除故障时，产生新的故障后不能自行修复，每个扣 4 分；已经修复，每个扣 2 分 | |
| | | | 损坏电动机，扣 10 分 | |
| | 超时，此项从总分中扣分 | | 每超过 5min，从总分中倒扣 2 分，但不超过 5 分 | |
| 安全、文明生产 | 按照安全、文明生产要求 | | 违反安全、文明生产，从总分中倒扣 5 分 | |

## 知识探究

### 一、夹紧机构液压系统

夹紧机构液压系统如图 5-21 所示。图中溢流阀的作用是通过阀口溢流，维持油路压力恒定，实现稳压、调压或限压。

**1. 主轴箱和立柱的松开与夹紧**

（1）松开

液压泵电动机 M3 带动液压泵正向旋转，二位六通电磁阀线圈 YA 没有通电［状态如图 5-23（a）所示］，压力油从 A 点出发，经过二位六通电磁阀②～⑥到主轴箱和立柱的单活塞液压缸，单活塞液压缸推动主轴箱和立柱的夹紧机构使主轴箱和立柱松开，再经过二位六通电磁阀⑤～①到 B 点，回到油箱。

（2）夹紧

液压泵电动机 M3 带动液压泵反向旋转，二位六通电磁阀线圈 YA 仍然没有通电，压力油从 B 点出发，经过二位六通电磁阀①～⑤到主轴箱和立柱的单活塞液压缸，单活塞液压缸推动主轴箱和立柱的夹紧机构使主轴箱和立柱夹紧，再经过二位六通电磁阀⑥～②到 A 点，回到油箱。

**2. 摇臂松开与夹紧**

（1）松开

液压泵电动机 M3 带动液压泵正向旋转，二位六通电磁阀线圈 YA 通电［状态如

图 5-23（b)所示]，压力油从 A 点出发，经过二位六通电磁阀①～③到摇臂的单活塞液压缸，单活塞液压缸推动摇臂的夹紧机构使摇臂松开，再经过二位六通电磁阀④～②到 B 点，回到油箱。

（2）夹紧

液压泵电动机 M3 带动液压泵反向旋转，二位六通电磁阀线圈 YA 仍然通电，压力油从 B 点出发，经过二位六通电磁阀②～④到摇臂的单活塞液压缸，单活塞液压缸推动摇臂的夹紧机构使摇臂夹紧，再经过二位六通电磁阀③～①到 A 点，回到油箱。

## 二、主轴的正反转运行

Z3040 型摇臂钻床在加工过程中，根据零配件加工工艺需要能实现正、反转运行，主轴的正、反转是通过液压系统的操纵机构配合正、反转摩擦离合器实现的。当主轴操作手柄处于中间位置时，主轴停止；处于向左位置时，主轴正转；处于向右位置时，主轴反转。

## ■ 思考与练习 ■

1. Z3040 型摇臂钻床中是否可以没有 SQ1？为什么？

2. Z3040 型摇臂钻床主轴箱和立柱不能放松，试分析原因。

3. 当松开上升按钮后，摇臂仍然上升，SQ1-1 断开也不起作用，继续上升，应当采取什么措施？发生这种现象的原因是什么？

## ■ 知识链接 ■

与本任务相关的知识可参阅以下图书：

1.《电力拖动控制线路与技能训练》（科学出版社，田建苏等主编）

2.《Z3040 型钻床使用说明书》

3.《图解机械设备电气控制电路》（人民邮电出版社，郑凤翼、郑丹丹主编）

4.《工厂电气控制》（机械工业出版社，愈艳、金国砥主编）

# X62W 型万能铣床电气控制线路的检修

### 场景描述

1. 生产现场：有 X62W 型万能铣床的生产车间。
2. 实训室：YL-ZX 型 X62W 型万能铣床实训台（见下图）、多媒体课件、仪表及常用工具。

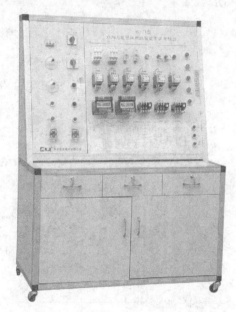

### 任务目标

1. 识读 X62W 型万能铣床电气原理图。
2. X62W 型万能铣床电气设备维修的方法。
3. 通电试车的预防和保护措施。
4. 认识并了解万能转换开关、电磁离合器。
5. 读懂 X62W 型万能铣床电气控制原理图。
6. 正确调试 X62W 型万能铣床电气。
7. 分析、判断并排除 X62W 型万能铣床的电气故障。

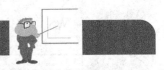

# 工作任务

X62W 型万能铣床是一种多用途机床，可以实现平面、斜面、螺旋面以及成型面的加工，可以加装万能铣头、分度头和圆工作台等机床附件来扩大加工范围。其外观如图 5-27 所示，它主要由床身、主轴、刀杆支架、悬梁、回转盘、横溜板、升降台、工作台等部分组成。

X62W 型万能铣床主运动是主轴带动铣刀的旋转运动，主运动采用变速盘来进行速度选择，为保证齿轮啮合良好，要求变速后作变速冲动。进给运动是工件相对于铣床的前后（纵向）、左右（横向）以及上下（垂直）六个方向的运动，进给运动也采用变速盘来进行速度选择。同样，为保证齿轮啮合良好，要求变速后作变速冲动。辅助运动是六个方向的快速移动。

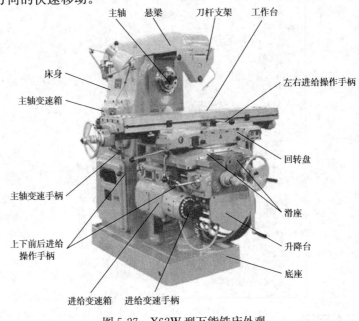

图 5-27　X62W 型万能铣床外观

# ▌基本知识

## 一、主电路分析

X62W 型万能铣床的电气控制线路图如图 5-28 所示，主电路共有三台电动机。M1是主轴（铣刀）拖动电动机，由接触器 KM1 控制，热继电器 FR1 作为过载保护，因正、反转不频繁，在启动前用换相开关 SA3（2 区）预先选择方向。SA3 的位置及动作说明见表 5-1。

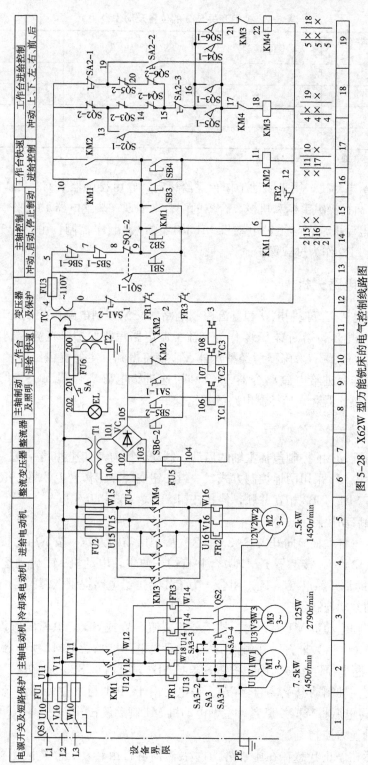

图5-28 X62W型万能铣床的电气控制线路图

表 5-1 换相开关 SA3 的位置及动作说明

| 触点 \ 位置 | 正 转 | 停 止 | 反 转 |
|---|---|---|---|
| SA3-1 | + | − | − |
| SA3-2 | − | − | + |
| SA3-3 | + | − | − |
| SA3-4 | − | − | + |

注:"+"表示接通,"−"表示断开。

M2 是进给电动机,用来驱动工作台进给运动,它由接触器 KM3,KM4 控制,六个方向的运动通过操纵手柄和机械离合器的配合来实现,热继电器 FR2 作为过载保护。M3 是冷却泵电动机,它与主轴电动机 M1 构成主电路顺序控制,由组合开关 QS2 控制,热继电器 FR3 作为过载保护。

## 二、控制电路分析

控制电路包括交流控制电路和直流控制电路。交流控制电路由控制变压器 TC1 提供 110V 的控制电压,熔断器 FU4 作为交流控制电路短路保护。直流控制电路中的直流电压由整流变压器 TC2 降压后经整流器 VC 整流得到,主要提供给主轴制动电磁离合器 YC1、工作台进给电磁离合器 YC2 和快速进给电磁离合器 YC3。熔断器 FU2,FU3 分别作为整流器和直流控制电路的短路保护。

### 1. 主轴电动机 M1 的控制

主轴电动机 M1 的控制包括主轴的启动、制动、换刀及变速冲动控制。为了操作方便,主轴电动机 M1 采用两地控制方式,一组按钮安装在工作台上,另一组安装在床身上。启动按钮 SB1,SB2 相互并联,停止按钮 SB5,SB6 相互串联。

(1)主轴启动控制

启动前,先将主轴换向开关 SA3(2 区)旋至所需的方向。按下启动按钮 SB1(13 区)或 SB2(13 区),接触器 KM1 吸合并自锁,使主轴电动机 M1 启动运转,同时接触器 KM1 辅助常开触点(16 区)闭合,为工作台进给电路提供电源。

(2)主轴制动控制

当需要主轴电动机 M1 停止时,按下停止按钮 SB5 或 SB6,其常闭触点 SB5-1(14 区)或 SB6-1(14 区)断开,接触器 KM1 线圈失电,接触器 KM1 所有触点复位,主轴电动机 M1 断电惯性运转,停止按钮 SB5 或 SB6 常开触点 SB5-2(8 区)或 SB6-2(8 区)闭合,使主轴制动电磁离合器 YC1 得电。由于 YC1 与主轴传动系统同在一根轴上,当 YC1 得电后将摩擦片压紧,主轴电动机 M1 制动停转。

(3)主轴换刀控制

主轴虽然在停止状态,在施加外力时主轴仍可自由转动,会造成更换铣刀困难。因此,在更换铣刀时应将主轴制动。

主轴换刀控制过程是：将转换开关 SA1 扳到"接通"位置，这时转换开关 SA1 的常开触点 SA1-1（9 区）闭合，主轴制动电磁离合器 YC1 得电，将摩擦片压紧，主轴处于制动状态；同时，转换开关 SA1 的常闭触点 SA1-2（12 区）断开，切断了交流控制电路，铣床无法运行，切实保证了人身安全。换刀结束后，将转换开关 SA1 扳到"断开"位置即可。

（4）主轴变速冲动控制

主轴需要改变运转速度时，是通过操纵主轴变速手柄和变速盘来实现的。为使齿轮顺利啮合，在变速过程中需要变速冲动，主轴变速冲动控制示意图如图 5-29 所示。

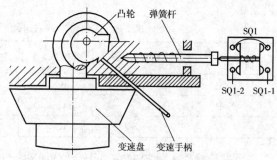

图 5-29　主轴变速冲动控制示意图

主轴变速冲动控制过程是：先将变速手柄压下，使变速手柄的榫块从定位槽中脱出，然后将变速手柄向外拉，使齿轮脱离啮合，转动变速盘到所需的转速后，将变速手柄推回原位。在手柄推回原位时，变速手柄上装的凸轮将弹簧杆推动一下，弹簧杆又推动一下位置开关 SQ1，使 SQ1 的常闭触点 SQ1-2（14 区）先断开，常开触点 SQ1-1（13 区）后闭合，接触器 KM1 瞬时得电闭合，主轴电动机 M1 瞬时启动；紧接着凸轮放开弹簧杆，位置开关 SQ1 所有触点复位，接触器 KM1 断电释放，电动机 M1 断电。由于主轴制动电磁离合器 YC1 没有得电，故电动机 M1 仍做惯性运转，带动齿轮系统抖动，在抖动时将变速手柄先快后慢推进，齿轮便顺利啮合。如果齿轮没有啮合好，可以重复上述过程，直到齿轮啮合。

注意：主轴变速时，应在主轴停止状态下进行，以免打坏齿轮。

2. 进给电动机 M2 的控制

工作台的六个方向是通过两个机械操作手柄与机械联动机构控制相应的位置开关，使进给电动机 M2 正、反转来实现的。进给电动机 M2 的控制包括工作台的左右进给、上下和前后工作进给及快速进给、圆工作台、变速冲动控制。

工作台在左、右、上、下、前、后控制时，圆工作台转换开关 SA2 应处于断开位置，SA2 的位置及动作说明如表 5-2 所示。

表 5-2　圆工作台转换开关 SA2 的位置及动作说明

| 触　　点　＼　位　　置 | 接　　通 | 断　　开 |
|---|---|---|
| SA2-1 | － | ＋ |
| SA2-2 | ＋ | － |
| SA2-3 | － | ＋ |

(1) 工作台工作进给

工作台的工作进给必须在主轴电动机 M1 启动运行后才能进行,属于控制电路顺序控制。工作台工作进给时必须使电磁离合器 YC2 得电。

1) 工作台的左、右进给。工作台的左、右进给由左、右进给操作手柄控制。该进给操作手柄与位置开关 SQ5 和 SQ6 联动,手柄有左、中、右三个位置。工作台左、右进给手柄位置及其控制关系如表 5-3 所示。当左、右进给操作手柄处于中间位置时不能进给。

表 5-3 工作台左、右进给手柄位置及其控制关系

| 手柄位置　＼　动作关系 | 位置开关动作 | 接触器动作 | 电动机 M2 转向 | 传动链搭合丝杠 | 工作台进给方向 |
|---|---|---|---|---|---|
| 左 | SQ5 | KM3 | 正转 | 左、右进给丝杠 | 向左 |
| 中 | — | — | 停止 | — | 停止 |
| 右 | SQ6 | KM4 | 反转 | 左、右进给丝杠 | 向右 |

当进给操作手柄扳向左,压合位置开关 SQ5 时,工作过程如下:

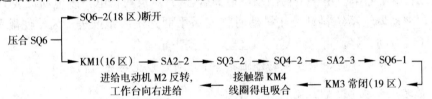

当进给操作手柄扳向右,压合位置开关 SQ6 时,工作过程如下:

2) 工作台的上、下和前、后进给。工作台的上、下和前、后进给由上、下、前、后进给操作手柄控制。该进给操作手柄与位置开关 SQ3 和 SQ4 联动,有上、下、中、前、后五个位置。工作台上、下、前、后进给手柄位置及其控制关系如表 5-4 所示。当进给操作手柄处于中间位置时不能进给。

表 5-4 工作台上、下、前、后进给手柄位置及其控制关系

| 手柄位置　＼　动作关系 | 位置开关动作 | 接触器动作 | 电动机 M2 转向 | 传动链搭合丝杠 | 工作台进给方向 |
|---|---|---|---|---|---|
| 上 | SQ4 | KM4 | 反转 | 上、下进给丝杠 | 向上 |
| 下 | SQ3 | KM3 | 正转 | 上、下进给丝杠 | 向下 |
| 中 | — | — | 停止 | — | 停止 |
| 前 | SQ3 | KM3 | 正转 | 前、后进给丝杠 | 向前 |
| 后 | SQ4 | KM4 | 反转 | 前、后进给丝杠 | 向后 |

当进给操作手柄扳向上或向后，压合位置开关 SQ4 时，工作过程如下：

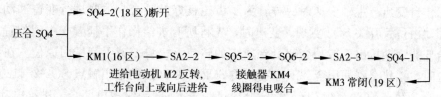

当进给操作手柄扳向下或向前，压合位置开关 SQ3 时，工作过程如下：

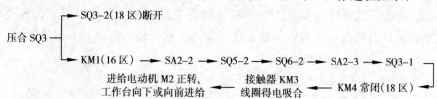

（2）工作台快速进给

工作台的快速进给属于辅助运动，可以在主轴电动机 M1 不启动的情况下进行。工作台快速进给的方向选择以及控制与正常进给基本相同。快速进给时必须电磁离合器 YC2 断电、YC3 得电。

以工作台向左快速进给为例，将左、右进给操作手柄扳向左，压合位置开关 SQ5，按下快速进给按钮 SB3 或 SB4，快速进给过程如下：

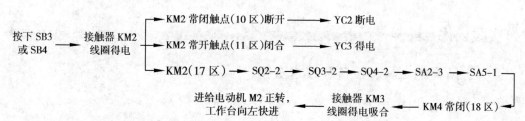

注意：快速进给必须在没有铣削加工时进行，否则会损坏刀具或设备。

（3）圆工作台控制

在工作台上安装附件圆工作台，可进行圆弧或凸轮的铣削加工。当需要圆工作台旋转时，将圆工作台转换开关 SA2 扳到"接通"位置，触点通断情况如表 5-2 所示，而所有的操作手柄置于中间位置。

其工作过程为：启动主轴电动机 M1，接触器 KM1 辅助常开触点（10 区）闭合。

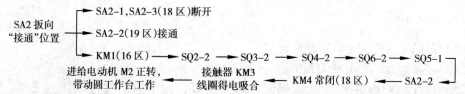

当不需要圆工作台时，将圆工作台转换开关 SA2 扳到"断开"位置，以保证工作台六个方向的进给运动。

（4）工作台变速冲动

工作台变速与主轴变速时一样，为了齿轮良好的啮合，也要进行变速冲动。进给变速冲动由位置开关 SQ2 实现。变速时，先将所有进给操作手柄置于中间位置，然后将进给变速手柄拉出，转动变速盘到所需的转速后，将变速手柄推回原位。在手柄推回原位时，挡块会瞬间压合一下位置开关 SQ2，使 SQ2 的常闭触点 SQ2-2（18 区）先断开，常开触点 SQ2-1（17 区）后闭合，接触器 KM3 瞬时得电闭合，进给电动机 M2 瞬时启动；紧接着挡块复位，位置开关 SQ2 所有触点复位，接触器 KM3 断电释放，电动机 M2 断电。这样使电动机 M2 瞬时点动一下，动齿轮系统抖动，齿轮便顺利啮合。如果齿轮没有啮合好，可以重复上述过程，直到齿轮啮合。其工作路径为

```
                    ┌──→ SQ2-2(18区)断开
                    │
压下 SQ2 ──→ SQ2-1(17区)接通
                    │
                    └──→ SA2-1 ──→ SQ5-2 ──→ SQ6-2 ──→ SQ4-2 ──→ SQ3-2 ──→ SQ2-1 ─┐
                                                                                    │
         进给电动机 M2 点动 ◄──  接触器 KM3  ◄── KM4 常闭(18区) ◄──────────────────┘
                              线圈得电吸合
```

3．照明电路

铣床照明由变压器 T2 供给 24V 电压，由转换开关 SA 控制，熔断器 FU6 作短路保护。

## ▌实践操作

### 一、所需的工具、设备和技术资料

1）常用电工工具、万用表。

2）X62W 型万能铣床或模拟台。

3）X62W 型万能铣床电气原理图和接线图。

### 二、机床电气调试

1．安全措施

调试过程中，应做好安全措施，如有异常情况应立即切断电源。

2．调试步骤

1）根据电动机功率设定过载保护值。

2）接通电源，合上开关 QS1。

3）将主轴换向开关 SA3 扳到"正转"位置，按下启动按钮 SB1 或 SB2，使主轴电动机 M1 旋转一下，立即轻轻按下停止按钮 SB5 或 SB6，使主轴电动机 M1 惯性旋转，观察主轴旋转方向与要求是否相符，如不相符合，对调主轴电动机 M1 电

源相序。

4）将转换开关 SA1 扳向"接通"位置，借助换铣刀扳手看是否能扳动主轴，不能扳动说明主轴能够制动，制动离合器通电良好。

5）在主轴电动机停止状态进行主轴变速。观察主轴变速时是否有冲动现象，如没有，检查、调整主轴变速冲动开关 SQ1 位置。

6）启动主轴电动机 M1，将工作台左、右操作手柄扳向左，观察工作台进给方向是否向左进给。如不向左而向右进给，将操作手柄扳到中间位置，再将工作台上、下、前、后操作手柄扳向前，观察工作台是否向前进给，如不向前而向后进给，说明进给电动机 M2 相序不正确，切断电源对调电动机 M2 相序。如向前进给，说明左、右进给位置开关 SQ5 上的 17# 线和 SQ6 上的 21# 线相互接错，对调接线即可。

同理，如果能向左进给，不向前进给，而向后进给，说明下、前进给位置开关 SQ3 上的 17# 线和上、后位置开关 SQ4 的上 21# 线相互接错，对调即可。

在调试过程中，如果出现工作台进给速度相当快，说明正常进给电磁离合器 YC2 的 107# 线与快速进给电磁离合器 YC3 的 108# 线相互接错，对调接线即可。

注意：只能对调导线，不能对调导线编号！

7）将工作台所有操作手柄置于中间位置，进行工作台变速，观察工作台变速时是否有冲动现象，如没有，检查调整主轴变速冲动开关 SQ2 位置。

### 三、电气控制线路的故障分析案例

X62W 型万能铣床的电气、机械联锁比较多，因此在维修中要注意电气、机械工作位置。

#### 1. 主轴电动机 M1 不能启动

这种故障现象分析与前面分析方法相似，其检修流程如图 5-30 所示。

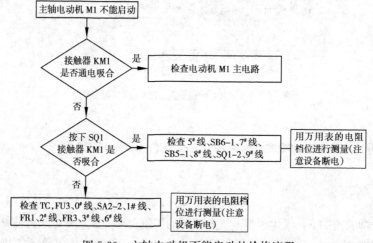

图 5-30　主轴电动机不能启动的检修流程

### 2. 工作台左、右不能进给

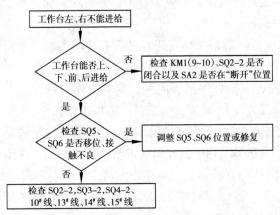

图 5-31　工作台左、右不能进给的检修流程

工作台各个方向的开关是互相联锁的，每次只能开一个方向，但是这六个方向也有关联的地方。在故障分析时，要考虑上述两个因素。工作台左、右不能进给的检修流程如图 5-31 所示。

注意：在用万用表欧姆档位测量 SQ5，SQ6 接触导通的情况时，应操作前、后、上、下进给操作手柄，将 SQ3-2 或 SQ4-2 断开，否则会使电路通过 10# → 13# → 14# → 15# → 20# → 19# 的导线构成通路，误认 SQ5 或 SQ6 接触良好，造成错误判断。

同理，在测量 SQ3、SQ4 时，应将 SQ5 或 SQ6 断开。

### 3. 工作台不能快速进给

工作台不能快速进给，首先要确定正常进给是否能实现，如果不能实现，按照上文故障 2 分析排除。如果能实现正常进给，可按图 5-32 所示检修流程检修。

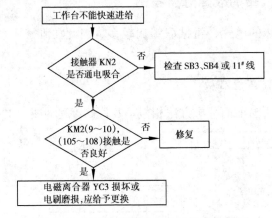

图 5-32　工作台不能快速进给的检修流程

## 巩固训练

### 一、任务要求

1) 在教师的监护下，学生根据电气原理图的控制要求完成 X62W 型万能铣床的调试。

2) 现场观察熟悉 X62W 型万能铣床的结构和运动形式，并在教师或操作人员的指导下进行实际操作。

3）熟悉 X62W 型万能铣床电器元件安装位置以及布线情况，并能读懂接线图，根据接线图能迅速找到相应电器元件的位置。X62W 型万能铣床的接线图如图 5-33 所示（参考图，具体以设备说明书为准）。

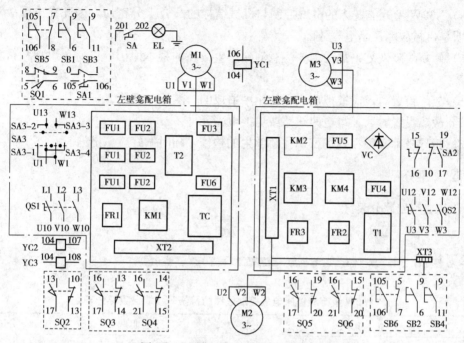

图 5-33　X62W 型万能铣床的接线图

4）根据故障现象，按照电气原理图分析可能出现故障的原因，在电气控制线路图上分析故障范围。

5）正确使用仪表判断故障点，并修复故障。

6）通电试运行。

7）做好维修记录。

## 二、故障现象

1）主轴不能变速冲动。

2）换铣刀时主轴不能制动。

3）工作台各个方都不能进给。

4）工作台不能变速冲动。

5）当需要圆工作台进行工作时，圆工作台不工作。

## 三、注意事项

1）要充分观察和熟悉 X62W 型万能铣床的工作过程。

2）熟悉电器元件的安装位置、走线情况以及各操作手柄处于不同位置时位置开关的工作状态以及运动方向。

3）检修前要认真阅读机床电气控制线路图，熟悉、掌握各个控制环节的原理及作用。

4）X62W型万能铣床的电气控制与机械结构的配合十分密切，因此在出现故障时应判明是机械故障还是电气故障。

5）修复故障恢复正常时，要注意消除产生故障的根本原因，以避免出现频繁相同的故障。

6）故障设置时，应模拟成实际使用中造成的自然故障现象。

7）故障设置时，不得更改线路或更换电器元件。

8）指导教师必须在现场密切注意学生的检修，随时做好应急措施。

## 四、评分

评分细则见评分表。

## ▌学习检测

**"X62W型万能铣床电气控制线路的检修"技能自我评分表**

| 项　　目 | 技术要求 | 配　分 | 评分细则 | 评分记录 |
|---|---|---|---|---|
| 设备调试 | 调试步骤正确 | 10 | 调试步骤不正确，每步扣1分 | |
| | 调试全面 | 10 | 调试不全面，每项扣2分 | |
| | 故障现象明确 | 10 | 不明确故障现象，每故障扣2分 | |
| 故障分析 | 在电气控制线路图上分析故障可能的原因，思路正确 | 30 | 错标或标不出故障范围，每个故障点扣4分<br>不能标出最小的故障范围，每个故障点扣2分 | |
| 故障排除 | 正确使用工具和仪表，找出故障点并排除故障 | 40 | 实际排除故障中思路不清楚，每个故障点扣2分<br>每少查出一次故障点扣2分<br>每少排除一次故障点扣2分<br>排除故障方法不正确，每处扣1分 | |
| 其他 | 操作有误，此项从总分中扣分 | | 排除故障时，产生新的故障后不能自行修复，每个扣3分；已经修复，每个扣1.5分<br>损坏电动机，扣10分 | |
| | 超时，此项从总分中扣分 | | 每超过5min，从总分中倒扣2分，但不超过5分 | |
| 安全、文明生产 | 按照安全、文明生产要求 | | 违反安全、文明生产，从总分中倒扣5分 | |

## 知识探究

### 一、万能转换开关

万能转换开关主要用于控制线路的转换、电气仪表测量转换以及配电设备的远距离控制等。由于开关的触点档数多，用途比较广泛，所以称之为万能转换开关。

万能转换开关的系列比较多，常用的是 LW5 和 LW6 系列。在 X62W 型万能铣床中主电动机换向开关 SA3 采用的是 LW5 系列，其外观如图 5-34 所示。

LW5 系列万能转换开关的绝缘结构采用热塑料材料，它的触点档位数有 21 种，其中 16 档以下为单列（只能转换一条线路），18 档以上为三列（转换三条线路）。

万能转换开关由多层触点底座叠装而成，每层触点底座内装有一副或三副触点以及和一个装在转轴上的凸轮。操作时手柄带动转轴和凸轮一起旋转，凸轮就可分断或接通触头。由于凸轮形状不同，当操作手柄在不同位置时触头的分合情况也不同。万能转换开关的图形符号和文字符号如图 5-35 所示。

图 5-34  LW5 系列万能转换开关

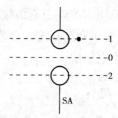

图 5-35  万能转换开关的图形及文字符号

### 二、电磁离合器

离合器是一种将主侧旋转扭力传达到被动侧的连接器，可根据需要自由连接或切离，因使用电磁力来做功，故称为电磁离合器。电磁离合器的种类较多，在 X62W 型万能铣床中的电磁离合器为湿式多片式电磁离合器，这种电磁离合器主要用于机械传动系统中，可在主动部分运转的情况下使从动部分与主动部分结合或分离。电磁离合器的形状、结构如图 5-36 所示。

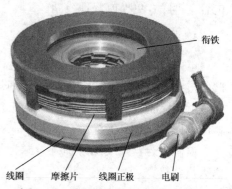

图 5-36  电磁离合器的形状、结构

**1. 电磁离合器的安装**

安装前检查摩擦片，不应有油污及杂物；安装时应轴向固定，如分轴安装应保持同轴度；安装好的电磁离合器应保证摩擦片呈自由状态，并能轻便地沿机械轴上的花键套移动。电刷安装在电刷支架上，应与线圈正极保持良好的接触，但不宜过紧，造成电刷偏离和磨损过快。

2. 工作原理

当电磁离合器接通直流 24V 电源时，直流 24V 电源经由电刷、线圈正极（电磁离合器滑环）、线圈负极（电磁离合器的金属套筒）形成回路，产生电磁力，驱动衔铁（压盘）压紧摩擦片，从而连接从动盘或从动轴与主动轴同步旋转，实现传动，反之实现主从动的切断。

3. 电磁离合器线圈好坏的判别

电磁离合器线圈由于密封在金属套筒内，散热条件差，易发热而烧毁。判别电磁离合器线圈好坏，可用测量电阻值的方法。

电磁离合器线圈的电阻值，型号规格不同阻值不同，一般在 $13\sim60\Omega$ 左右。X62W 型万能铣床的电磁离合器阻值在 $36\Omega$ 左右。电磁离合器线圈好坏的判别方法如下：

1）首先切断电源，拆除电刷上的导线。

2）将万用表的档位选择在电阻 $R\times1$ 档，注意调零。

3）将万用表的红表笔搭接在电刷上，黑表笔搭接在机床金属外壳上（电磁离合器线圈负极与金属套筒相连，金属套筒直接与机床轴相连）。

4）观察电阻值。

5）如果阻值远大于 $36\Omega$ 或为"∞"，有可能电刷与电磁离合器的滑环接触不良，应拧紧电刷后再次测量。拧紧后，阻值仍然很大，应拆下电刷，将红表笔直接搭接在滑环上测量。此时阻值正常，说明电刷完全磨损，应更换电刷；如果还是远大于 $36\Omega$ 或为"∞"，说明电磁离合器的线圈损坏，应与维修人员配合，拆除、更换或修理线圈。

6）如果阻值远小于 $36\Omega$ 或为"0"，说明电磁离合器线圈烧毁，应与机械维修人员配合，拆除、更换或修理线圈。

4. 电磁离合器线圈的修理

电磁离合器线圈的修理工艺与电磁吸盘的修理工艺基本相同，只是电磁离合器线圈经过绝缘处理后，引线必须先分别焊接在滑环（正极）和金属套筒（负极）上后才能进行绝缘密封。由于电磁离合器工作在旋转运动状态，所以密封材料采用的是环氧树脂，而不是 5 号绝缘胶。

电磁离合器除线圈易损外，摩擦片也容易磨损，磨损后力矩将减小，需要机械维修人员调整。

**思考与练习**

1. X62W 型万能铣床中有哪些电气联锁措施？

2. X62W 型万能铣床进给无力，试分析可能原因。

3. 工作台可以左、右进给，而不能上、下、前、后进给，试分析故障原因。

4. X62W 型万能铣床主轴电动机一启动，进给电动机就运转，而所有进给操作手柄在中间位置，试分析原因。

5. 叙述电磁离合器的修理工艺。

## ▌知识链接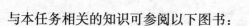

与本任务相关的知识可参阅以下图书：

1.《电力拖动控制线路与技能训练》（科学出版社，田建苏等主编）

2.《X62W 型万能铣床使用说明书》

3.《图解机械设备电气控制电路》（人民邮电出版社，郑凤翼、郑丹丹主编）

4.《工厂电气控制》（机械工业出版社，愈艳、金国砥主编）

# 任务 5

# T68 型卧式镗床电气控制线路的检修

## 场景描述

1. 生产现场：有 T68 型卧式镗床的生产车间。

2. 实训室：YL-ZT 型 T68 型卧式镗床实训台（见下图）、多媒体课件、仪表及常用工具。

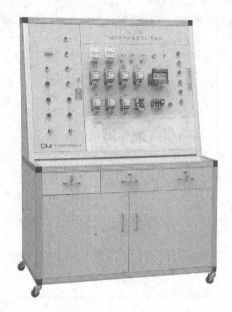

## 任务目标

1. 识读 T68 型卧式镗床电气原理图。

2. T68 型卧式镗床电气设备维修的方法。

3. 通电试车的预防和保护措施。

4. 认识并了解 ZB 型电阻和主轴变速盘。

5. 读懂 T68 型卧式镗床电气控制原理图。

6. 正确调试 T68 型卧式镗床。

7. 分析、判断并排除 T68 型卧式镗床的电气故障。

## 工作任务

　　T68 型卧式镗床是一种精密加工机床，主要用于加工精确的孔和孔间的距离要求精确的工件。它不但可以实现镗孔、钻孔、扩孔以及铰孔等加工，而且还能切削端面、内圆、外圆以及平面等。其外观如图 5-37 所示，它主要由床身、前立柱、主轴箱、镗头架、镗轴、平旋盘、后立柱、上下滑座、工作台、尾架等部分组成。

　　T68 型卧式镗床主运动是镗轴或平旋盘的旋转运动，为适应各种工件加工工艺的要求，其主轴调速范围宽，采用双速交流电动机驱动的滑移齿轮有级变速系统，为保证变速后齿轮啮合良好，变速后作变速冲动；进给运动有镗轴的轴向移动、平旋盘上刀具溜板的径向移动、工作台的横向及纵向移动、镗头架的垂直进给等，采用滑移齿轮有级变速系统，为保证变速后齿轮啮合良好，变速后作变速冲动；辅助运动有工作台的旋转、尾座的升降和后立柱的水平移动。

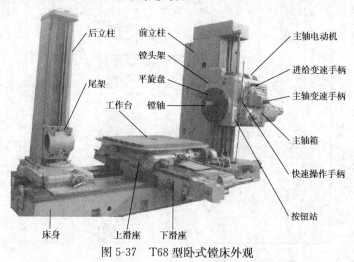

图 5-37　T68 型卧式镗床外观

## ▌基本知识

### 一、主电路分析

　　T68 型卧式镗床的电气控制线路图如图 5-38 所示，主电路共有两台电动机。

　　主拖动电动机 M1 是双速电动机，用来驱动主轴和平旋盘的旋转运动以及进给运动。由接触器 KM1，KM2 实现正、反转控制。接触器 KM3 实现制动控制切换。KM4 实现低速控制，使电动机定子绕组为 △ 连接，此时的转速 $n = 1440\text{r/min}$。KM5 实现高速控制，使电动机定子绕组为 YY 连接，此时的转速 $n = 2900\text{r/min}$。热继电器 FR 作为过载保护。

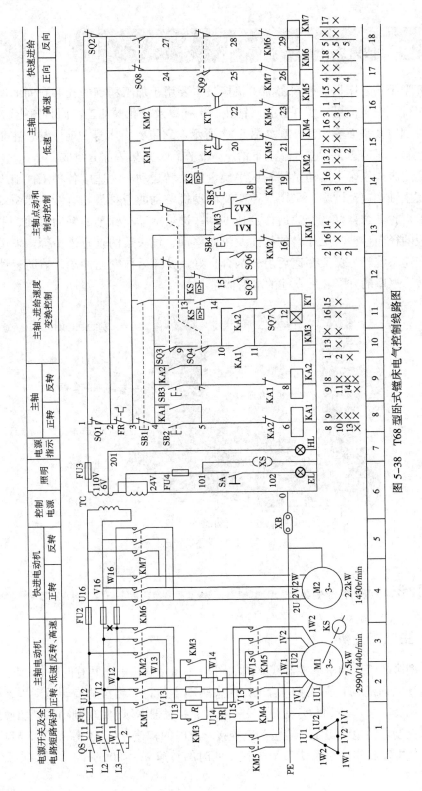

图 5-38 T68 型卧式镗床电气控制线路图

快速进给电动机 M2 用来驱动主轴箱、工作台等快速进给运动，它由接触器 KM6、KM7 控制，由于短时工作，不需过载保护。熔断器 FU2 作短路保护。

## 二、控制电路分析

控制电路由控制变压器 TC 提供 110V 的控制电压，熔断器 FU3 作为电路短路保护。控制电路包括主电动机 M1 的正反转控制、制动控制、高低速控制、点动控制、变速冲动控制以及快速进给电动机 M2 的控制。主电动机启动时，各位置开关应处于相应通、断状态。各位置开关的作用及工作状态说明如表 5-5 所示。

表 5-5　位置开关的作用及工作状态说明

| 位置开关 \ 作用状态 | 作　用 | 工作状态 |
|---|---|---|
| SQ1 | 工作台、主轴箱进给联锁保护 | 工作台、主轴箱进给时触点断开 |
| SQ2 | 镗轴进给联锁保护 | 镗轴进给时触点断开 |
| SQ3 | 主轴变速 | 主轴没有变速时，常开触点被压合，常闭触点断开 |
| SQ4 | 进给变速 | 进给没有变速时，常开触点被压合，常闭触点断开 |
| SQ5 | 主轴变速冲动 | 主轴变速后手柄推不上时触点被压合 |
| SQ6 | 进给变速冲动 | 进给变速后手柄推不上时触点被压合 |
| SQ7 | 高、低速转换控制 | 高速时触点被压合，低速时断开 |
| SQ8 | 反向快速进给 | 反向快速进给时，常开触点被压合，常闭触点断开 |
| SQ9 | 正向快速进给 | 正向快速进给时，常开触点被压合，常闭触点断开 |

### 1. 主轴电动机 M1 的控制

主轴电动机的控制包括正反转、制动、高低速、点动、变速冲动控制。

（1）主轴电动机 M1 正、反转低速控制

将主轴变速手柄置于"低速"相应档位，高、低速转换控制位置开关 SQ7 没有被压合，SQ7 常开触点（11 区）处于断开状态。

1）主轴正转低速控制过程为

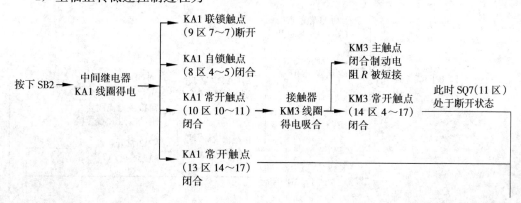

（续）

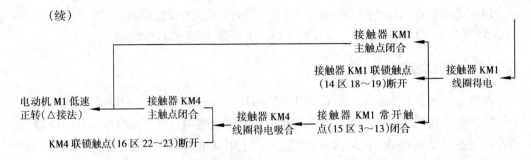

2）主轴电动机 M1 反转低速控制过程为

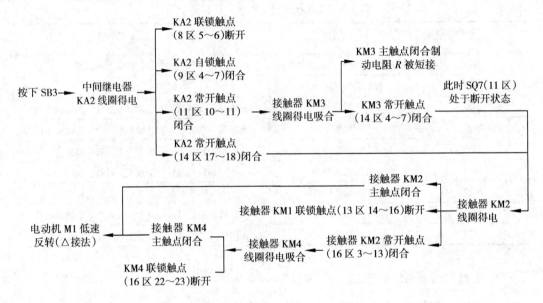

（2）主轴电动机 M1 正、反转高速控制

将主轴变速手柄置于"高速"相应档位，高、低速转换控制位置开关 SQ7 被压合，SQ7 常开触点（11 区）处于闭合状态。

1）主轴电动机 M1 正转高速控制过程为

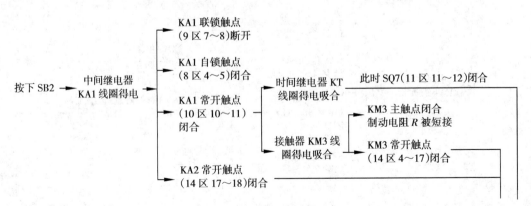

（续）

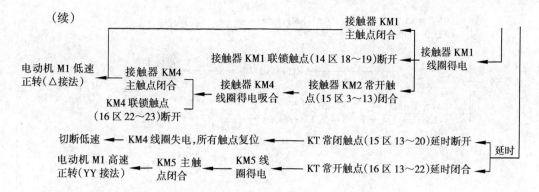

2）主轴电动机 M1 反转高速控制过程为

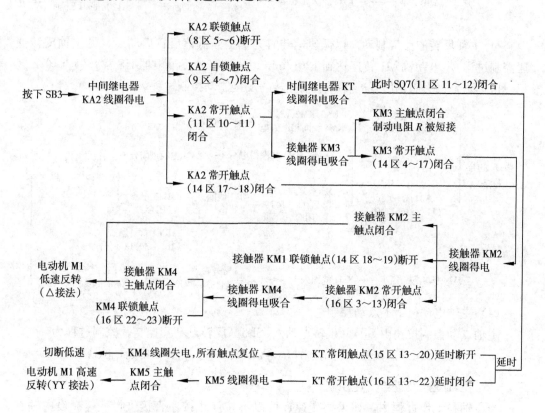

（3）主轴电动机 M1 停止制动控制

主电动机 M1 采用反接制动，由与主电动机 M1 同轴的速度继电器 KS 控制反接制动。速度继电器工作原理在项目 2 的任务 9 中已经介绍，此处不再赘述。

1）主轴正转的反接制动。以低速运转时为例。当低速正转启动后（见主轴正转低速控制过程），电动机 M1 转速达到 120r/min 以上时，速度继电器 KS 常闭触点（12 区 13～15）断开，KS 常开触点（14 区 13～18）闭合，为制动做好准备。主轴正转的反接制动控制过程为

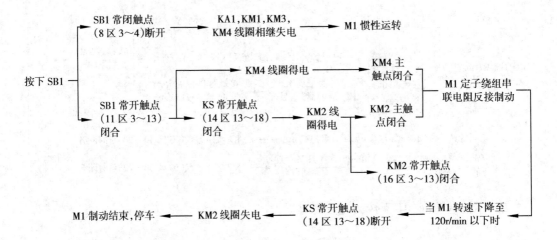

2）主轴反转的反接制动。以低速运转时为例。当低速反转启动后（见主轴反转低速控制过程），电动机 M1 转速达到 120r/min 以上时，速度继电器 KS 常开触点（12 区 13～14）闭合，为制动做好准备。主轴反转的反接制动控制过程为

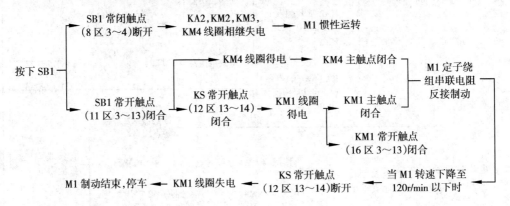

（4）主轴电动机 M1 点动控制

主轴点动控制按钮由 SB4（正转点动）、SB5（反转点动）控制，控制过程为

$$按下\ SB4(SB3) \longrightarrow KM1(KM2)线圈得电 \longrightarrow KM4\ 线圈得电 \longrightarrow M1\ 串接\ R\ 低速点动$$

（5）主轴变速及进给变速控制

当主轴在工作过程中，如果要变速，可以不按停止按钮直接进行变速。设主轴在正转低速运行状态，此时速度继电器 KS 的常开触点（14 区 13～18）在闭合状态。将主轴变速操作手柄拉出，受主轴变速操作手柄压合的位置开关 SQ3 不再受压，SQ3 常开触点（10 区 4～9）断开，SQ3 常闭触点（13 区 3～13）闭合，电动机 M1 停车制动，过程为

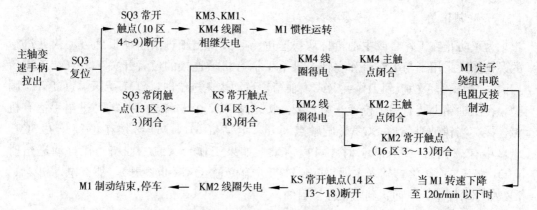

然后,转动变速手柄进行变速,变速后将手柄推进,位置开关 SQ3 被压合,SQ3 常开触点(10 区 4~9)闭合,SQ3 常闭触点(13 区 3~13)断开,接触器 KM1,KM3,KM4 线圈得电,电动机 M1 重新启动运行。

如果齿轮没有啮合好,主轴变速手柄就推不进。此时,SQ3 仍没有被压合,而主轴变速冲动位置开关 SQ5 被压合,进行变速冲动,过程为

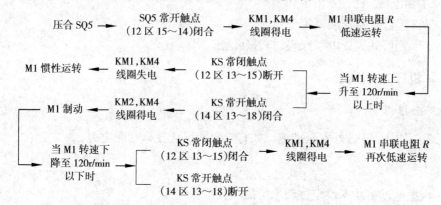

如此循环,直到齿轮啮合好,主轴变速手柄推上,SQ5 复位断开,SQ3 被压合,变速冲动才结束。

进给变速控制过程与主轴变速控制过程相同,只是在进给变速时,拉出的操作手柄是进给变速操作手柄,相应动作的位置开关是 SQ4,冲动位置开关是 SQ6。

2. 快速进给电动机 M2 的控制

主轴的轴向进给、主轴箱(包括尾架)的垂直进给、工作台的纵向和横向进给等快速移动,是由电动机 M2 通过与机械装置等配合来完成的。快速进给手柄扳到正向移动时,压合位置开关 SQ9,接触器 KM6 线圈得电吸合,电动机 M2 正转,实现正向快速移动。快速进给手柄扳到反向移动时,压合位置开关 SQ8,接触器 KM7 线圈得电吸合,电动机 M2 反转,实现反向快速移动。

### 3. 联锁保护

为了防止在工作台或主轴箱自动快速进给时又将主轴进给手柄扳到自动快速进给的误操作，采用了与工作台和主轴箱进给手柄有机械连接的位置开关 SQ1（在工作台后面）。当操作手柄扳到工作台（或主轴箱）自动快速进给时，SQ1 受压触点断开。同理，在主轴箱上装有一个位置开关 SQ2（按钮站内），它与镗轴（主轴）进给手柄有机械连接，当镗轴进给时 SQ2 受压触点断开。电动机 M1，M2 必须在位置开关 SQ1，SQ2 中有一个处于闭合状态时才可以启动。如果工作台（或主轴箱）在自动进给时（SQ1 断开）时再将镗轴（主轴）扳到自动进给位置（SQ2 也断开），那么电动机 M1，M2 都自动停车，从而达到联锁保护目的。

## 实践操作

### 一、所需的工具、设备和技术资料

1）常用电工工具、万用表。
2）T68 型卧式镗床或模拟台。
3）T68 型卧式镗床电气原理图和接线图。

### 二、机床电气调试

#### 1. 安全措施

调试过程中，应做好安全措施，如有异常情况应立即切断电源。

#### 2. 调试步骤

1）根据电动机功率设定过载保护值。
2）接通电源，合上开关 QS。
3）将主轴变速手柄置于高速档位，按下启动按钮 SB2 或 SB3，启动主轴电动机 M1，观察主轴在低速时的旋转方向。当主轴电动机进入高速运转状态时，观察主轴在高速时的旋转方向与低速时的旋转方向是否相符。如不相符合，对调主轴电动机 M1 的 1U1 和 1V1 的相序，使主轴电动机高、低速的旋转方向一致。

当高、低速的旋转方向一致后，应当确认是否符合机械要求方向，如不符合，对调 U14 和 W14 相序。

4）将主轴变速手柄置于低速档位，按下启动按钮 SB2 或 SB3，使主轴电动机启动并达到额定转速。然后按下停止按钮 SB1，此时主轴电动机应迅速制动停车。如果不能停车，仍然运转，说明速度继电器 KS 的两对常开触点（12 区 13～14）、（14 区 13～18）的接线相互接错，对调即可。

对调速度继电器常开触点接线时，KS 常闭触点（12 区 13～15）也应对调到相应的常闭触点位置。

5）在主轴电动机停止状态进行主轴变速，观察主轴变速时是否有冲动现象，如没有，检查调整主轴变速冲动开关 SQ5 位置。

6）在主轴电动机停止状态进行进给变速，观察进给变速时是否有冲动现象，如没有，检查调整主轴变速冲动开关 SQ6 位置。

7）将工作台进给操作手柄扳到工作台自动进给位置，同时将镗轴进给操作手柄扳到自动进给位置。

注意：此过程必须先切断主轴电动机主回路的电源，保证在任何情况下主轴电动机不能旋转，否则会损坏机械部件。

此时，按下启动按钮 SB2 或 SB3，控制回路中的接触器、继电器等都不能动作。如果动作，应调整 SQ1 和 SQ2 位置，直到不能动作为止。

8）将快速进给手柄扳到正向（反向）移动，观察快速进给移动方向是否符合要求。如果与要求方向相反，对调快速进给电动机 M2 的相序。

## 三、电气控制线路的故障分析案例

### 1. 主轴能低速启动，但不能高速运转

时间继电器 KT 和位置开关 SQ7 控制主轴电动机从低速向高速转换。出现主轴能低速启动，不能高速运转的故障后，应着重考虑时间继电器 KT 和位置开关 SQ7 是否动作或接触良好。主轴不能高速运转的检修流程如图 5-39 所示。

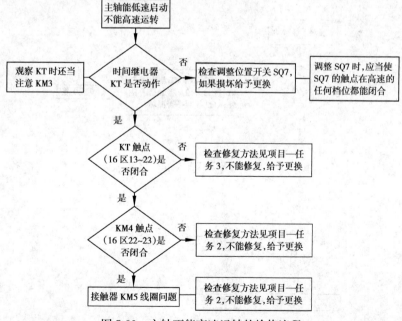

图 5-39  主轴不能高速运转的检修流程

## 2．正、反转速度都偏低

由控制线路图中的主电路可以看出，此故障是接触器 KM3 主触点没有闭合，主轴电动机 M1 串联电阻 $R$ 运行。

接触器 KM3 不工作，不可能是正、反转中间继电器的触点同时损坏，大多是由于主轴变速位置开关 SQ3 或进给变速位置开关 SQ4 移位，SQ3（10 区 4～9），SQ4（10 区 9～10）常开触点没有闭合而造成。如果 SQ3，SQ4 的常开触点闭合良好，故障就是接触器 KM3 的线圈损坏，应修复或更换。

## 3．正向启动正常，无制动，但反向启动正常

若反向启动正常，说明反转控制回路没有问题，故障可以确定是 KS 常开触点（14 区 13～18）没有闭合。检查时，首先将 13# 与 18# 线拆除下来，然后正向启动，用万用表电阻 $R×1$ 档位测量。如果电阻值很大，说明是触点问题，调整、修复触点即可排除故障。

注意：1．导线拆除后，应做好绝缘防范措施，以免发生触电和接地短路事故。

2．在机床上检修时注意防摔、防滑。

## 4．正向能启动，反向不能启动

这种故障可以先试反向点动控制是否正常，如果正常，故障确定在 KA2 线圈及 KA1 常闭触点，或反向启动按钮 SB3 及连接导线部分。该故障的检修流程如图 5-40 所示。

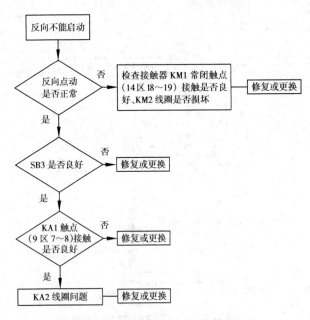

图 5-40　反向不能启动的检修流程

## 巩固训练

### 一、任务要求

1）在教师的监护下，学生根据电气控制线路图的控制要求完成 T68 型卧式镗床的调试。

2）现场观察熟悉 T68 型卧式镗床的结构和运动形式，并在教师或操作人员的指导下进行实际操作。

3）熟悉 T68 型卧式镗床电器元件安装位置以及布线情况，并能读懂接线图，根据接线图能迅速找到相应电器元件的位置。T68 型卧式镗床的接线图如图 5-41 所示（参考图，具体以设备说明书为准）。

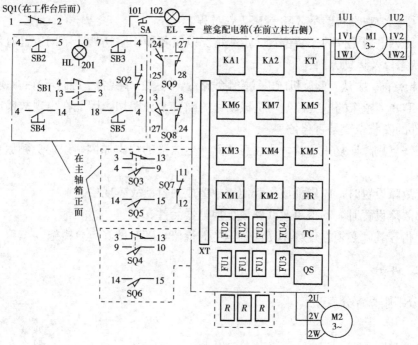

图 5-41　T68 型卧式镗床接线图

4）根据故障现象，按照电气原理图分析可能出现故障的原因，在电气控制线路图上分析故障范围。

5）正确使用仪表判断故障点，并修复故障。

6）通电试运行。

7）做好维修记录。

### 二、故障现象

1）主轴正转不能启动，但能点动。

2）通电指示正常，但控制回路全部失效。

3）点动可以工作，直接操作 SB2，SB3 按钮不能启动。

4）主轴电动机正向运转正常，制动后反向低速运转，不会自动断开电源。变速时，接通电源主轴马上反向低速运转。

5）拨动主轴进给手柄时（SQ2 断开）电路全部停止工作。

6）只有高速档，没有低速档。

7）主轴变速手柄拉出后主轴电动机不能冲动；或变速完毕，合上手柄后主轴电动机不能自动开车。

8）变速时，电动机不能停止。

### 三、注意事项

1）要充分观察和熟悉 T68 镗床工作过程。

2）熟悉电器元件的安装位置、走线情况以及各操作手柄处于不同位置时位置开关的工作状态以及运动方向。

3）检修前，要认真阅读机床电气控制线路图，熟悉、掌握各个控制环节的原理及作用。

4）T68 型镗床的电气控制与机械动作的配合十分密切，因此在出现故障时应注意电器原件的安装位置是否移位。

5）修复故障恢复正常时，要注意消除产生故障的根本原因，以避免频繁出现相同的故障。

6）故障设置时，应模拟成实际使用中造成的自然故障现象。

7）故障设置时，不得更改线路或更换电器元件。

8）指导教师必须在现场密切注意学生的检修，随时做好应急措施。

### 四、评分

评分细则见评分表。

### ■ 学习检测

**"T68 型卧式镗床电气控制线路的检修"技能自我评分表**

| 项　目 | 技术要求 | 配　分 | 评分细则 | 评分记录 |
|---|---|---|---|---|
| 设备调试 | 调试步骤正确 | 10 | 调试步骤不正确，每步扣 0.5 分 | |
| | 调试全面 | 10 | 调试不全面，每项扣 1 分 | |
| | 故障现象明确 | 10 | 不明确故障现象，每故障扣 1 分 | |
| 故障分析 | 在电气控制线路图上分析故障可能的原因，思路正确 | 30 | 错标或标不出故障范围，每个故障点扣 2 分 | |
| | | | 不能标出最小的故障范围，每个故障点扣 1 分 | |

续表

| 项　　目 | 技术要求 | 配　分 | 评分细则 | 评分记录 |
|---|---|---|---|---|
| 故障排除 | 正确使用工具和仪表，找出故障点并排除故障 | 40 | 实际排除故障中思路不清楚，每个故障点扣 1 分 | |
| | | | 每少查出一次故障点扣 1 分 | |
| | | | 每少排除一次故障点扣 1 分 | |
| | | | 排除故障方法不正确，每处扣 0.2 分 | |
| 其他 | 操作有误，此项从总分中扣分 | | 排除故障时，产生新的故障后不能自行修复，每个扣 2 分；已经修复，每个扣 1 分 | |
| | | | 损坏电动机，扣 10 分 | |
| | 超时，此项从总分中扣分 | | 每超过 5min，从总分中倒扣 2 分，但不超过 5 分 | |
| 安全、文明生产 | 按照安全、文明生产要求 | | 违反安全、文明生产，从总分中倒扣 5 分 | |

## 知识探究

### 一、制动电阻

T68 型镗床的制动电阻采用的是 ZB 系列板型线绕电阻，阻值为 0.9Ω。该系列电阻是用镍铬、康铜或新康铜合金丝绕于瓷质平板上构成的，电阻阻值稳定，功率大，广泛用于低频交流电路中作电压、电流调节，并可作为电阻元件串联组成系列电阻器用于电动机起动、制动与调速等用途。ZB 型电阻的外观如图 5-42 所示。

图 5-42　ZB 型电阻

T68 型镗床的制动电阻有两个作用：一是反接制动时限制制动电流；二是主轴电动机点动控制时串电阻 $R$ 低速运行。

### 二、主轴速度

T68 型镗床主轴有十八种转速，是采用双速电动机和机械滑移齿轮来实现变速的，这十八种转速（r/min）分别是 25，32，40，50，64，80，100，125，160，200，250，315，400，500，630，800，1000，2000。十八种转速分别对应电动机的高低速转速。在电动机转速为 1440r/min 时，对应的主轴档位转速（r/min）分别是 25，32，50，80，100，160，250，315，500，800，1000；在电动机转速为 2990r/min 时，对应的主轴档位转速（r/min）分别是 40，64，125，200，400，630，2000。

图 5-43　主轴变速盘

主轴电动机高、低速的转换靠位置开关 SQ7 的通断来实现。SQ7 装在主轴变速手柄的旁边,如图 5-43 所示位置。主轴调速机构转动时推动撞钉,撞钉使 SQ7 相应接通或断开。因此,必须使 SQ7 的通断与转速标示牌指示值相符,否则会造成主轴转速比标示牌的指示值多一倍(低速时)或少一倍(高速时)。

图 5-43 中的标示牌所示的外圆数字是主轴转速,内圆数字是平旋盘转速。是主轴旋转还是平旋盘旋转取决于机械操作。在调整对应转速时,只要调整好主轴对应的转速即可。

## 思考与练习

1. 双速电动机在高速启动时为什么要先进入低速启动?
2. 位置开关 SQ3,SQ4 常开触点不闭合,会出现什么故障?
3. 照明电路正常,进给电机 M2 工作正常,主轴电机工作不正常,是什么原因?
4. 时间继电器 KT 电磁系统位置外移太多,宝塔弹簧处于放松状态,结果如何?
5. 当主轴电机进给手柄拨动时电路工作停止,是什么原因?
6. 正向快速移动不能工作,是什么原因?

## 知识链接

与本任务相关的知识可参阅以下图书:
1. 《电力拖动控制线路与技能训练》(科学出版社,田建苏等主编)
2. 《T68 型卧式镗床使用说明书》
3. 《图解机械设备电气控制电路》(人民邮电出版社,郑凤翼、郑丹丹主编)
4. 《工厂电气控制》(机械工业出版社,愈艳、金国砥主编)

# 15/3t 桥式起重机电气控制线路的检修

## 场景描述

1. 生产现场：有 15/3t 桥式起重机的生产车间。
2. 实训室：YL-ZQ 型 15/3t 桥式起重机实训台（见下图）、多媒体课件、仪表及常用工具。

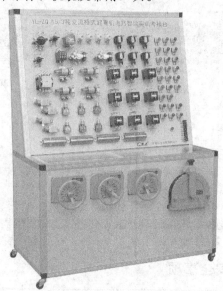

## 任务目标

1. 识读 15/3t 桥式起重机电气原理图。
2. 15/3t 桥式起重机电气设备维修的方法。
3. 通电试车的预防和保护措施。
4. 了解高空作业安全事项。
5. 认识并了解主令控制器、滑触线、制动器。
6. 读懂 15/3t 桥式起重机电气控制原理图。
7. 正确调试 15/3t 桥式起重机电气。
8. 分析、判断 15/3t 桥式起重机的电气故障并排除。

## 工作任务

15/3t 桥式起重机是起重设备中的一种，是用来起吊或放下重物并使重物在短距离内水平移动的起重设备。起重设备根据使用场合的不同有车站货场使用的门式起重机（龙门吊）、码头港口使用的旋转式起重机（码头吊）、建筑工地使用的塔式起重机（塔吊）、生产制造车间用的桥式起重机（行车、天车）等。桥式起重机在起重设备中具有一定广泛性和典型性。

15/3t 桥式起重机的外观如图 5-44 所示，它主要由大车（前后）和小车（左右）组成的桥架机构、主钩（15t）和副钩（3t）组成的升降机构（提升机构）两大部分组成。

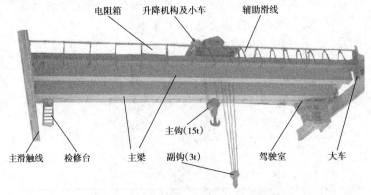

图 5-44 15/3t 桥式起重机的外观

## 基本知识

### 一、桥式起重机安全事项

1) 主钩用来提升不超过 15t 的工件；副钩除提升不超过 3t 工件外，可以协同主钩完成不超过主钩额定负载范围工件的吊运。绝对不允许主钩、副钩同时提升（起吊）两个工件。

2) 为保证维修人员检修时的安全，在驾驶室门盖、栏杆门上应装有安全开关。

3) 为防止突然停电造成安全事故，所有电动机采用断电制动的电磁抱闸制动器。

4) 为防止停电后突然来电造成的安全事故，必须保证操作开关、控制器在"0"位后才能启动供电。

5) 起重机轨道以及金属桥架必须安全可靠地接地。

### 二、控制线路分析

15/3t 桥式起重机的电气控制线路图如图 5-45 所示。

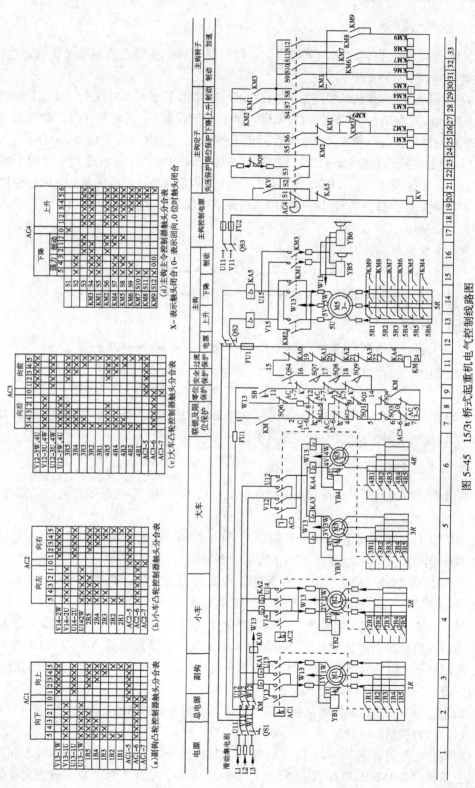

图 5-45  15/3t 桥式起重机电气控制线路图

**1. 电源控制**

从图 5-45 电气控制线路图可以看出，接触器 KM 的主触点控制整个桥式起重机。接触器 KM 控制过程如下。

1）在启动前，应使凸轮控制器手柄在"0"位，保证接触器 KM 线圈（11 区）回路中的零位联锁触头 AC1-7、AC2-7、AC3-7（均在 9 区）闭合良好。关好栏杆门、驾驶室门盖，使安全开关 SQ7，SQ8，SQ9（均在 10 区）也闭合良好。合上紧急开关 QS4（10 区）。

2）合上电源开关 QS1，QS2，按下启动按钮 SB（9 区），接触器 KM 线圈得电吸合并自锁，主触头（2 区）闭合，使 U12，V12 两相电源进入控制各电动机的凸轮控制器，W12 串联作为总短路和过载保护用的过流继电器 KA0 线圈后（W13）直接进入各电动机定子绕组。

在按下按钮 SB 时的路径为

$$1 \longrightarrow SB \longrightarrow AC1\text{-}7 \longrightarrow AC2\text{-}7 \longrightarrow AC3\text{-}7 \longrightarrow 14 \longrightarrow SQ9 \longrightarrow SQ8 \longrightarrow SQ7$$
$$24 \longleftarrow KM \text{线圈} \longleftarrow KA4 \longleftarrow KA3 \longleftarrow KA2 \longleftarrow KA1 \longleftarrow KA0 \longleftarrow SQ4$$

松开按钮 SB 时自锁的路径为

$$1 \longrightarrow KM（7 区）自锁触头 \longrightarrow AC1\text{-}6 \longrightarrow AC2\text{-}6 \longrightarrow SQ1 \longrightarrow SQ3 \longrightarrow AC3\text{-}6$$
$$\longrightarrow SQ4 \longleftarrow SQ7 \longleftarrow SQ8 \longleftarrow SQ9 \longleftarrow 14 \longleftarrow KM（9 区）自锁触头$$
$$\longrightarrow KA0 \longrightarrow KA1 \longrightarrow KA2 \longrightarrow KA3 \longrightarrow KA4 \longrightarrow KM（1 区）线圈 \longrightarrow 24$$

其中，SQ1，SQ2 为小车终端限位保护位置开关，SQ3，SQ4 为大车终端限位保护位置开关，SQ6 为副钩提升到位保护位置开关。

**2. 大车、小车、副钩的控制**

桥式起重机的大车、小车、副钩拖动电动机功率较小，一般采用凸轮控制器控制，如图 5-45 所示。

M1 为副钩升降电动机，由凸轮控制器 AC1 控制正反转、调速和制动，由过流继电器 KA1 作为短路和过载保护。YB1 为制动电磁铁。

M2 为小车移动电动机，由凸轮控制器 AC2 控制正反转、调速和制动，由过流继电器 KA2 作为短路和过载保护。YB2 为制动电磁铁。

M3，M4 为大车移动电动机，由凸轮控制器 AC3 控制正反转、调速和制动。由于大车为两台电动机同时拖动，所以控制大车电动机的凸轮控制器 AC3 比 AC1 和 AC2 多了五副转子电阻控制触头。由过流继电器 KA3，KA4 分别作为两台电动机的短路和过载保护。YB3，YB4 为制动电磁铁。

大车、小车、副钩的控制过程相同，下面以副钩为例说明控制过程。

（1）凸轮控制器的触头

副钩凸轮控制器 AC1 共有 11 个位置 12 副触头，用来控制电动机 M1 在不同转速下的正反转，其中 V13-1W，V13-1U，U13-1U，U13-1W 共 4 对常开主触头用来换接控制电动机定子绕组电源相序，实现电动机正、反转；5 对常开辅助触头 1R1～1R5 用来控制电动机转子电阻 1R 的切换；AC1-5 和 AC1-6 为正反转联锁触头；AC1-7 为零位联锁触头。触头分合情况见图 5-45 (a)。

(2) 上升控制

转动凸轮控制器 AC1 至向上的 "1" 位时，AC1 的辅助常闭触头 AC1-5 (8 区) 闭合，AC1-6 (7 区) 和 AC1-7 (9 区) 断开。主触头 V13-1W，U13-1U (3 区) 闭合，接通电动机 M1 正转电源；与此同时，电磁抱闸制动器线圈 YB1 得电，闸瓦与闸轮分开，制动取消。由于凸轮控制器 AC1 的辅助常开触点 1R1～1R5 (2 区) 都处于断开，所以电动机 M1 的转子串接电阻 1R 全部电阻低速正转，带动副钩上升。继续转动凸轮控制器 AC1，依次到 "2" ～ "5" 位时，AC1 的辅助常开触点 1R1～1R5 (2 区) 依次闭合，逐级切除 (短接) 电阻 1R5～1R1，电动机 M1 转速逐渐升高，直到额定转速。

(3) 下降控制

转动凸轮控制器 AC1 至向下的 "1" 位时，AC1 的辅助常闭触头 AC1-6 (7 区) 闭合，AC1-5 (8 区) 和 AC1-7 (9 区) 断开。主触头 V13-1U，U13-1W (3 区) 闭合，接通电动机 M1 反转电源；与此同时，电磁抱闸制动器线圈 YB1 得电，闸瓦与闸轮分开，制动取消。电阻的切除与上升相同。考虑到负载重力作用，在下降负载时应逐级下降，以免引起快速下降而造成事故。回退时也应逐级回退。

若停电或凸轮控制器转到 "0" 位时，电动机 M1 断电，同时电磁抱闸制动器线圈 YB1 也断电，M1 迅速停转制动。

3. 主钩的控制

主钩拖动电动机 M5 是桥式起重机中功率最大的一台电动机，用来起吊大于 3t 的重物，采用主令控制器配合接触器进行控制。为提高主钩电动机运行的稳定性、保证转子电流三相平衡，采取三相平衡切除转子电阻的方式，如图 5-45 所示。

(1) 主令控制器的触头

主令控制器实物如图 5-46 所示。主令控制器 AC4 共有 13 个位置 12 副触头，用来控制接触器线圈在不同情况下通电。其中，S1 为零位联锁触头；S2 为强力下降控制触头；S3 为制动下降和上升控制触头；S4 为制动控制触头；S5 为反转控制触头；S6 为正转控制触头；S7～S12 用来控制电动机转子附加电阻 5R 的切换触头。触头分合情况见图 5-45 (d)。

(2) 主钩下降控制

主钩下降有 6 个档位控制，有制动、制动下降、强力下降三种工作状态。其工作情况如下。

合上 QS1，QS2，QS3，SQ4，接通主电路接通控制电路电源，主令控制器 AC4 置于 "0" 位，AC4 触头 S1 (18 区)

图 5-46　主令控制器

处于闭合状态，电压继电器 KV 线圈（18 区）得电吸合，其常开触头（19 区）闭合自锁，为主钩电动机 M5 启动控制做好准备。

1）制动。将主令控制器 AC4 扳到制动下降 J 档，AC4 的常闭触头 S1（18 区）断开，常开触头 S3（21 区）闭合，将上升限位保护位置开关 SQ5 串入；S6（23 区）闭合，上升接触器 KM2 线圈（23 区）得电吸合，KM2 常闭触头（22 区）断开，KM2 主触头（13 区）和自锁触头（23 区）闭合，电动机 M5 定子绕组通入三相正序电源电压，KM2 常开辅助触头（25 区）闭合，为切除各级转子电阻 5R 的接触器 KM4～KM9 以及制动接触器 KM3 通电做准备；S7（26 区）、S8（27 区）闭合，接触器 KM4 线圈（26 区）、KM5 线圈（27 区）得电吸合，其主触头闭合（13 区、14 区），切除转子两级附加电阻 5R6 和 5R5。

此时，尽管电动机 M5 定子绕组通入正序三相电源电压，由于主令控制器 AC4 的触头 S4（25 区）没有闭合，接触器 KM3 线圈（25 区）不能得电吸合，使得电磁抱闸制动器 YB5（15 区）和 YB6（16 区）线圈也不能得电，电动机仍处于抱闸制动。

J 档制动状态，是下降准备状态，其目的是将减速箱中的齿轮等传动部件啮合好，以免下放重物时突然快速运动而使传动机构等受到剧烈的冲击。

注意：在 J 档位置时时间不宜过长，否则会烧毁电动机。

2）制动下降。在 J 档位置时，继续将主令控制器 AC4 扳到下降"1"位置。此时，主令控制器 AC4 的触头 S3，S6 仍然闭合，保持上升限位保护位置开关 SQ5 串入，上升接触器 KM2 线圈得电吸合状态；S7 仍然闭合，保持接触器 KM4 得电吸合，而 S8 断开，接触器 KM5 失电断开，只切除转子一级附加电阻 5R6；由于 S4 的闭合，接触器 KM3 线圈（25 区）得电吸合，电磁抱闸制动器 YB5 和 YB6 线圈得电，抱闸制动取消，电动机 M5 应正向运转提升重物。由于电动机转子回路中串接电阻级数多，阻值大（只切除一级电阻），电动机的电磁转矩相对较小，如果起吊的重物向下的负载拉力大于（物重）电动机的电磁转矩，电动机 M5 运转在负载倒拉反接制动状态，低速下放重物（这是需要的状态）。反之，如果起吊的重物向下的负载拉力小于（物轻）电动机的电磁转矩，电动机 M5 运转在电动状态，重物不但不能下放反而会被提升（这是不需要的状态），这时必须把主令控制器 AC4 迅速扳到下一档，即下降"2"位置。

当 AC4 扳到下降"2"位置时，此时主令控制器 AC4 的触头 S3，S4，S6 仍然闭合，而 S7 断开，使得接触器 KM4 线圈断电释放，M5 转子附加电阻 5R 全部接入转子回路，电动机的电磁转矩相对减小，向下的负载拉力大于电磁转矩，重负载下降速度比 1 档时加快。

在制动下降状态，操作人员可根据负载轻重情况及下降速度要求，适当选择 1 档或 2 档下降。

3）强力下降。强力下降有 3 个档位，即 3、4、5 档位，在强力下降时，电动机 M5 定子绕组通入的是负序三相交流电压。

① 强力下降 3 档。在 2 档位置时，继续将主令控制器 AC4 扳到下降"3"位置。

此时，AC4 的触头 S3 断开，上升限位保护位置开关 SQ5 失去作用；S6 断开，接触器 KM2 断电释放；S2 闭合，控制电路电源由原来的 S3 改为触头 S2 控制。S5 闭合，下降接触器 KM1 线圈（22 区）得电吸合，电动机 M5 定子绕组通入三相负序电源电压；S4 仍然闭合，电磁抱闸制动器线圈 YB5 和 YB6 仍然得电，制动仍然取消，电动机 M5 反向运转下降，下放重物。触头 S7，S8 闭合，接触器 KM4，KM5 闭合，切除转子两级附加电阻 5R6 和 5R5。

② 强力下降 4 档。在 4 档位置时，除保持主令控制器 AC4 的 "3" 位时触点闭合工作状态外，又增加了触头 S9 的闭合，使得接触器 KM6 的线圈（29 区）得电吸合，转子附加电阻 5R4 被切除。电动机 M5 进一步加速下降运行。

③ 强力下降 5 档。在 5 档位置时，除保持主令控制器 AC4 的 "4" 位时触点闭合工作状态外，又增加了触头 S10，S11，S12 的闭合，使得接触器 KM7～KM9 的线圈依次得电吸合，转子附加电阻 5R3～5R1 依次被切除。电动机 M5 旋转速度逐渐增加到最高速下降运行。

桥式起重机在实际运行中，操作人员要根据具体情况选择不同的档位。在强力下降位置 5 档时，仅适用于起重负载较小的场合。如果需要较低的下降速度或起吊重负载较大的情况下，就需要把主令控制器手柄扳回到制动下降位置 1 档或 2 档，进行反接制动下降，这时必然要通过 4 档和 3 档。为了避免在转换过程中可能发生过高的下降速度，在接触器 KM9 电路中常用辅助常开触头 KM9（33 区）自锁。同时，为了不影响提升调速，故在该支路中再串联一个常开辅助触头 KM1（28 区）。这样可以保证主令控制器由强力下降位置向制动下降位置转换时接触器 KM9 线圈始终有电，只有扳至制动下降位置后，接触器 KM9 线圈才断电。在主令控制器 AC4 触头分合表中可以看到，强力下降位置 4 档、3 挡上有 "0" 的符号，表示主令控制器 AC4 由 5 档向 "0" 位回转时，触头 S12 接通。如果没有以上联锁装置，在主令控制器由强力下降向制动下降位置转换时，若操作人员不小心，误把档位停在了 3 档或 4 档，那么高速下降的负载速度不但得不到控制，反而使下降速度增加，很可能造成恶性事故。

另外，串接在接触器 KM2 支路中的 KM2 常开触头（23 区）与 KM9 常闭触头（24 区）并联，主要作用是当接触器 KM1 线圈断电释放后，只有在 KM9 线圈断电释放情况下接触器 KM2 线圈才允许获电并自锁，这就保证了只有在转子电路中串接一定附加电阻的前提下才能进行反接制动，防止反接制动时造成直接启动而产生过大的冲击电流。

（3）主钩上升控制

转动主令控制器 AC4 至上升的 "1" 位时，AC4 的常闭触头 S1（18 区）断开，S3（21 区）闭合，将上升限位保护位置开关 SQ5 串入；S7（26 区）闭合，接触器 KM4 线圈（26 区）得电吸合，切除转子一级附加电阻 5R6；S4（25 区）闭合，使得接触器 KM3 线圈（25 区）得电吸合，电磁抱闸制动器 YB5 和 YB6 线圈得电，抱闸制动取消；S6（23 区）闭合，上升接触器 KM2 线圈（23 区）得电吸合，接通电动机 M5 正向电源电压运转，带动主钩上升。继续转动主令控制器 AC4，依次到 "2" ～ "6" 位时，

AC4 的触头 S8~S12 依次闭合，逐级切除转子附加电阻 5R5~5R1，电动机 M5 转速逐渐升高，直到额定转速。

电压继电器 KV 实现主令控制器 AC4 的零位保护。

## ■ 实践操作

### 一、所需的工具、设备和技术资料

1）常用电工工具、万用表、兆欧表。

2）安全带。

3）15/3t 桥式起重机或模拟台。

4）15/3t 桥式起重机电气原理图和接线图。

### 二、机床电气调试

#### 1. 安全措施

调试过程中，应做好安全措施，如有异常情况应立即拉下紧急开关 QS4 切断电源。

如果是在生产车间进行实物调试，由于桥式起重机电器原件比较分散，又是高空作业，应两人为一组。教师应高度集中加强监护，充分利用好栅栏、安全带等安全防护用具，做好安全防护措施。还应当做好工具防坠落措施，以及在桥式起重机下设立安全隔离带，并有专人看护。每进行一个调试步骤，都要发布口令，确认接受口令人重复口令无误，做好安全防护措施后方可进行调试。调试过程中，起重机移动时人员不得走动。

#### 2. 调试步骤

1）根据电动机功率调节过流继电器，设定保护值。

2）将所有控制器置于"0"位。

3）合上开关 QS1，QS4 后，按下启动按钮 SB，使接触器 KM 得电吸合，接通主电路电源和控制电路电源。

4）转动大车凸轮控制器 AC3 到向后方向"1"位，桥式起重机应向后方向移动，如果方向不正确，对调电动机 M3 和 M4 的电源相序。

如果起重机不移动，而桥架是扭曲动作的现象，如果有说明大车两台拖动电动机 M3，M4 旋转方向不同，只需要对调 M3，M4 任意一台电动机的相序。对调后通电再试，使大车行进方向与要求方向相同。

注意：如果出现桥架扭曲动作、不移动的现象，应将凸轮控制器立即退回到"0"位，以免发生意外事故和桥架扭曲变形。

方向调整后，转动大车凸轮控制器 AC3 到向后方向"1"位，使大车保持低速移动。

按下位置开关 SQ3，此时接触器 KM 应立即断电释放，切断起重机电源。如果接触器 KM 不能断电释放，再按下位置开关 SQ4。按下 SQ4 后，接触器 KM 能断电释放，切断起重机电源，应对调 SQ3 和 SQ4 的接线。对调导线时，只对调导线，不要对调线号。

　　注意：在车间调试实物桥式起重机时，按压位置开关的人员应系安全带，并注意防碰撞。

　　5）转动小车凸轮控制器 AC2 到向左方向"1"位，小车应向左方移动，如果方向不正确，对调电动机 M2 的电源相序。

　　方向调整后，转动小车凸轮控制器 AC2 到向左方向"1"位，使小车保持低速移动。按下位置开关 SQ1，此时接触器 KM 应立即断电释放，切断起重机电源。如果接触器 KM 不能断电释放，再按下位置开关 SQ2，按下 SQ2 后，接触器 KM 能断电释放，切断起重机电源，应对调 SQ1 和 SQ2 的接线。

　　6）转动副钩凸轮控制器 AC1 到向下方向"1"位，副钩应向下方下降，如果方向不正确，对调电动机 M1 的电源相序。

　　注意：如果方向错误，应将凸轮控制器立即回退到"0"位，以防副钩充顶，卷断钢丝绳。

　　7）将主令控制器 AC4 置于"0"位，合上 QS2，QS3，接通主钩主电路电源和控制电路电源。

　　8）转动主钩主令控制器 AC4 到向上方向"1"位，主钩应向上方向提升，如果方向不正确，对调电动机 M5 的电源相序。

## 三、电气控制线路的故障分析案例

　　桥式起重机的结构复杂，工作环境比较恶劣，有些电气设备和原件密封条件差，同时工作频繁，故障率高。为保证设备的可靠运行以及人身的安全，应经常性的维护保养和检修。

### 1. 按下启动按钮 SB3，主接触器 KM 不吸合

　　当产生这种故障现象后，应按照各控制器是否在"0"，紧急开关 QS4 是否合上，熔断器 FU1 是否熔断，安全开关 SQ7，SQ8，SQ9 是否闭合的顺序检查。

　　如果上述都正常，就应当检查线路电压。将万用表转换开关旋到交流电压 500V 档，首先测量熔断器 FU1 两端电压；如果没有电压，再测量电源开关 QS1 三相电压；如果不正常，说明是三相电源引入滑触线前端的电源开关（不在控制线路图上），或滑触线上的集电器电刷磨损或接线松脱，应给予更换或接紧导线。

　　如果在一个车间共用一组滑触线的桥式起重机都出现这类故障现象，应该是三相电源引入滑触线前端的电源开关问题。

　　注意：检修滑触线和集电器时，应将滑触线前端的电源开关拉开，取下熔断器，并在操作手柄上悬挂"有人工作，严禁合闸"的安全标示牌，并有专人监护。

## 2. 主接触器 KM 吸合后过流继电器立即动作

从电气控制线路图上可知，主接触器 KM 闭合后，有两相电源经各自的过流继电器送入到各个凸轮控制器，另一相经总过流继电器 KA0 后直接进入各个电动机的定子绕组。如果在没有任何操作的情况下过流继电器立即动作，说明某个凸轮控制器主触头或电动机定子绕组或电磁抱闸制动器线圈有接地短路现象。造成这些接地短路的主要原因是灰尘集结多、缺少日常维护保养。接地检查方法：

1）查看凸轮控制器主触头以及电动机定子绕组和电磁抱闸制动器线圈是否有灼伤痕迹。发现灼伤痕迹后通过兆欧表进一步判断、确定。

2）将凸轮控制器主触头、电动机定子绕组、电磁抱闸制动器线圈从线路中断开，确实做到不能构成回路。

3）用兆欧表分别检查凸轮控制器主触头、电动机定子绕组、电磁抱闸制动器线圈，检查到接地点后进行绝缘处理修复。

使用兆欧表测量检查，一定要注意以下事项：

1）操作时应戴绝缘手套，人体不得接触被测端和兆欧表上的接线端。

2）应使用专用测量线，不可使用双股绞线或平行线。

3）摇测时要两人操作，一人先将兆欧表摇到额定转速 120r/min，另一人将"L"端的测量线接在相应的相上，兆欧表指针稳定后读数。

4）必须坚持"先摇后接、先撤后停"的原则。

## 3. 电动机不能输出额定功率，且转速缓慢

引起这种故障的可能原因有：制动器没有完全松开；转子电路中的附加电阻没有完全切除；机构有卡住现象；电源电压下降。

解决方法：调整制动器；检查调整控制器触头；检查集电器电刷，消除电压下降原因。

# ▮巩固训练▮

## 一、任务要求

1）在教师的监护下，学生根据电气原理图的控制要求完成 15/3t 桥式起重机的调试。

2）现场观察熟悉 15/3t 桥式起重机的结构和运动形式，并在教师或操作人员的指导下进行实际操作。

3）熟悉 15/3t 桥式起重机电器元件安装位置以及布线情况。

4）根据故障现象，按照电气原理图分析可能出现的故障原因，在电气控制线路图上分析故障范围。

5）正确使用仪表判断故障点，并修复故障。

6）通电试运行。

7）做好维修记录。

## 二、故障现象

1）转动小车凸轮控制器后过流继电器立即动作。

2）主钩不能升降。

3）副钩制动器不能打开。

4）大车只能向前移动。

5）转动大车凸轮控制器后大车向任何方向都不移动。

6）主钩在空载时只能低速升降。

## 三、注意事项

1）要充分观察和熟悉 15/3t 桥式起重机的工作过程。

2）熟悉电器元件的安装位置、走线情况以及位置开关的工作状态。

3）检修前，要认真阅读电气控制线路图以及控制器触头分合表，熟悉并掌握各个控制环节的原理及作用。

4）15/3t 桥式起重机的电器原件分布较宽，又是高空作业，要特别注意安全防护。

5）修复故障恢复正常时，要注意消除产生故障的根本原因，以避免频繁出现相同的故障。

6）故障设置时，应模拟成实际使用中造成的自然故障现象。

7）故障设置时，不得更改线路或更换电器元件。

8）指导教师必须在现场密切注意学生的检修，随时在好应急措施。

## 四、评分

评分细则见评分表。

**学习检测**

### "15/3t 桥式起重机电气控制线路的检修"技能自我评分表

| 项　　目 | 技术要求 | 配　　分 | 评分细则 | 评分记录 |
|---|---|---|---|---|
| 设备调试 | 调试步骤正确 | 10 | 调试步骤不正确，每步扣 0.5 分 | |
| | 调试全面 | 10 | 调试不全面，每项扣 1 分 | |
| | 故障现象明确 | 10 | 不明确故障现象，每故障扣 1.5 分 | |
| 故障分析 | 在电气控制线路图上分析故障可能的原因，思路正确 | 30 | 错标或标不出故障范围，每个故障点扣 3 分 | |
| | | | 不能标出最小的故障范围，每个故障点扣 1.5 分 | |

续表

| 项　目 | 技术要求 | 配　分 | 评分细则 | 评分记录 |
|---|---|---|---|---|
| 故障排除 | 正确使用工具和仪表，找出故障点并排除故障 | 40 | 实际排除故障中思路不清楚，每个故障点扣1.5分 | |
| | | | 每少查出一次故障点扣1.5分 | |
| | | | 每少排除一次故障点扣1.5分 | |
| | | | 排除故障方法不正确，每处扣0.5分 | |
| 其他 | 操作有误，此项从总分中扣分 | | 排除故障时，产生新的故障后不能自行修复，每个扣3分；已经修复，每个扣1.5分 | |
| | | | 损坏电动机，扣10分 | |
| | 超时，此项从总分中扣分 | | 每超过5min，从总分中倒扣2分，但不超过5分 | |
| 安全、文明生产 | 按照安全、文明生产要求 | | 违反安全、文明生产，从总分中倒扣5分 | |

## 知识探究

### 一、滑触线

滑触线桥式起重机需要经过滑触线来供电。滑触线有角钢、电缆、多级管道（又称安全滑触线）等形式。角钢形式的滑触线虽然坚固耐用、寿命长，但由于其自重和线路压降较大，且安全系数较低，现在一般不采用。电缆形式的滑触线虽然比较安全、简便、重量轻，但是容量有限。多级管道式滑触线集角钢式和电缆式的优点，现应用比较广泛，其外观如图 5-47 所示。

#### 1. 主要部件

滑触线装置由导管、导电器两件主要部件及一些辅助组件构成。

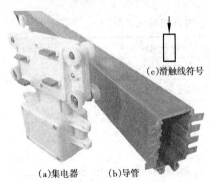

（a）集电器　　（b）导管

（c）滑触线符号

图 5-47　多级管道式滑触线

1）导管：一根半封闭的异形管状部件，是滑触线的主体部分。其内部可根据需要嵌设 2～9 根裸体导轨作为供电导线，各导轨间相互绝缘，并与外壳绝缘，从而保证供电的安全性，并在带电检修时有效地防止检修人员发生触电事故。

2）集电器是在导管内运行的一组电刷壳架，由安置在用电机构（大车、小车、电动葫芦等）上的拔叉（或牵引链条等）带动，与用电机构成同步运行，通过电刷将导轨的电能传输到电动机或其他控制元件。导电器电刷的极数有 3～16 极与导管中导轨数相应。

2. 特性

（1）安全

滑触线外壳系由高绝缘性能的工程塑料制成，外壳防护等级可根据需要达到 IP13、IP55 级，能防护雨、雪、霜和冰冻袭击以及异物触及。其绝缘性能良好，检修人员触及输电导管外部时无任何伤害，供电安全。

（2）可靠

输电导轨导电性能好，散热较快，许用电流密度高，阻抗值低，线路损失小。电刷由具有高导电性能、高耐磨性能的金属铜、碳合金材料制成。集电器移动灵活，定向性能好，有效控制了接触电弧和串弧现象。

（3）经济

滑触线装置结构简单、许用电流密度高、电阻率低、电压损耗低，无需补偿线，节省材料费。

（4）方便

滑触线装置将多极母线集合于一根导管之中，组装简便。其固定支架、连接夹、悬吊装置，均是通用件，装拆、调整、维修亦十分方便。

## 二、主令控制器

凸轮控制器组成的控制线路具有结构简单、操作维护方便、经济性能好等优点，但也存在严重不足，如调速性能较差、触点容量较小等。为此，当电动机容量较大、工作繁重、操作频繁、调速性能要求较高时采用主令控制器，它主要作为起重机、轧钢机等生产机械控制站的遥远控制。其外观结构如图 5-46 所示。

主令控制器的结构及动作原理基本上与凸轮控制器相同，也是靠凸轮来控制触点系统的通断，但它的触点小、操作轻便、允许每小时接电次数较多，适用于按顺序操作多个控制回路，且其触点系统多为桥式触点，并用银及其合金材料制成。主令控制器一般由转轴、凸轮块、动触头及静触头、定位机构、支承件及手柄等组成。

当主令控制器手柄旋转时带动凸轮块转动，当凸轮块转到推压小轮的位置，小轮带动支杆绕转轴旋转，支杆张开，从而使触点断开。在其他情况下，由于凸轮块离开小轮，触点是闭合的，这样只要安装一串不同形状的凸轮块，就可获得按一定顺序动作的触点。若这些触点用来控制电路，便可获得按一定顺序动作的电路。

由于主令控制器触头断弧能力及机械部分抗磨性的限制，凸轮盘的回转速度不得超过 60r/min。

## 三、制动器

桥式起重机的各个机构（尤其是提升机构）必须具备可靠的制动器才能安全、准确地工作。桥式起重机采用的是双闸瓦制动器，有长行程和短行程两种，如图 5-48（a，b）所示。

(a)长行程式制动器　　　　　　(b)短行程式制动器

图 5-48　制动器的形式

### 1. 各部件作用

如图 5-49 所示，制动器的抱闸是靠主弹簧、框形拉杆使左右制动臂上的闸瓦压向闸轮。副弹簧的作用是使右制动臂向外推，便于松闸。螺母的作用是调节衔铁的行程。螺母的作用是锁紧主弹簧或调整制动器。调节螺钉可以使左右闸瓦松开时与闸轮间距相等。

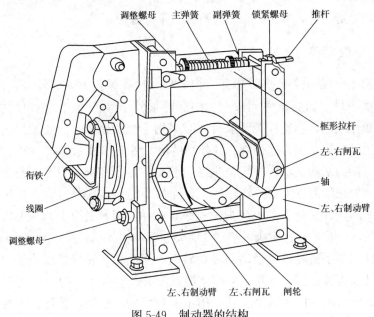

图 5-49　制动器的结构

### 2. 工作原理

当线圈得电后，电磁铁的衔铁向铁芯方向吸合，推动推杆，压住主弹簧，使左制动臂向外摆动，使左闸瓦松开制动轮，同时副弹簧使右制动臂及右闸瓦松开制动轮，实现松闸。

### 3. 制动器的调整

**（1）调整主弹簧**

调整主弹簧工作长度来改变制动力的大小。调整方法是：调整螺母，改变主弹簧的长度，调整后锁紧。主弹簧缩短，弹簧张力大，制动力就大。

**（2）调整衔铁行程**

为保证闸皮逐渐磨损时的制动力矩不变、进行可靠工作，必须保证制动电磁铁的行程有 3～5mm 左右的余量。衔铁行程的调整方法是：用一个扳手夹住锁紧螺母，用另一扳手转动制动器弹簧推杆的方头，使电磁铁的行程在允许范围内。

**（3）调整闸轮与闸瓦间隙**

把衔铁推在铁芯上，使制动器松开，然后调节调整螺钉，使左、右制动闸瓦与闸轮间隙相等。

### 4. 制动距离

大车和小车的正常制动距离一般在 2～6m 之间。如果制动距离过小，会使制动过急，造成冲击和吊钩不稳定；如果制动距离过大，会使吊钩不准或撞车。提升机构的制动距离一般在 50～100mm 之间。

## 思考与练习

1. 制动电磁铁噪声大，是什么原因？怎样处理？

2. 15/3t 桥式起重机有哪些保护措施？

3. 桥式起重机为什么在启动前各控制器手柄都要置于"0"位？

4. 桥式起重机大车停车时吊钩晃动较大，是什么原因？怎样处理？

5. 副钩电动机的转子附加电阻 1R 中的第一级电阻 1R5 断裂，会出现什么样的现象？

6. 主钩不能上升，可能的原因是什么？

## 知识链接

与本任务相关的知识可参阅以下图书：

1.《电力拖动控制线路与技能训练》（科学出版社，田建苏等主编）

2.《15/3t 桥式起重机使用说明书》

3.《图解机械设备电气控制电路》（人民邮电出版社，郑凤翼、郑丹丹主编）

4.《工厂电气控制》（机械工业出版社，愈艳、金国砥主编）

## 主要参考文献

董桂桥.2007.电力拖动控制线路与技能训练.北京：机械工业出版社.

李敬梅.2001.电力拖动控制线路与技能训练（三版）.北京：中国劳动社会保障出版社.

李学炎.2001.电机与变压器（三版）.北京：中国劳动社会保障出版社.

田建苏等.2009.电力拖动控制线路与技能训练.北京：科学出版社.

愈艳，金国砥.2007.工厂电气控制.北京：机械工业出版社.

郑凤翼，郑丹丹.2006.图解机械设备电气控制线路.北京：人民邮电出版社.